# 图解消毒柜维修一本通

张新德　等 编著

化学工业出版社
·北京·

## 内容简介

本书采用彩色图解的方式，全面系统地介绍了消毒柜的维修技能及案例，主要内容包括消毒柜的结构原理、拆机、元器件的识别与检测、消毒柜的维修方法和技能、消毒柜的故障维修案例及维护保养等内容，最后给出消毒柜的选购、使用、安装及维修技术资料，供读者参考。

本书内容遵循从零基础到技能提高的梯级学习模式，注重维修知识与实践相结合，彩色图解重点突出，并对重要的知识和技能附视频讲解，以提高学习效率，达到学以致用、举一反三的目的。

本书适用于消毒柜维修人员及职业院校、培训学校师生学习参考。

**图书在版编目（CIP）数据**

图解消毒柜维修一本通 / 张新德等编著. —北京：化学工业出版社，2022.5

ISBN 978-7-122-40892-1

Ⅰ. ①图… Ⅱ. ①张… Ⅲ. ①消毒 - 厨房电器 - 维修 - 图解 Ⅳ. ① TM925.59-64

中国版本图书馆 CIP 数据核字（2022）第 036629 号

责任编辑：徐卿华 李军亮　　文字编辑：师明远
责任校对：李雨晴　　装帧设计：李子姮

出版发行：化学工业出版社（北京市东城区青年湖南街13号 邮政编码100011）
印　　刷：三河市航远印刷有限公司
装　　订：三河市宇新装订厂
710mm×1000mm 1/16 印张10 字数166千字 2023年1月北京第1版第1次印刷

购书咨询：010-64518888　　售后服务：010-64518899
网　　址：http://www.cip.com.cn
凡购买本书，如有缺损质量问题，本社销售中心负责调换。

定　　价：58.00元

# 前言

近年来，随着人们生活水平的提高，家用消毒柜逐渐得到普及，同时，商用消毒柜、医用消毒柜也广泛普及到商用、医用等各种场所。消毒柜的使用量非常大，其维修、保养的工作量也非常大，因此需要大量的维修和保养人员掌握熟练的维修保养技术。为此，我们组织编写了本书，以满足广大消毒柜维保人员的需要。希望本书能够为消毒柜维修保养技术人员及消毒柜企业的售后和维保人员提供帮助。

全书采用彩色图解和实物操作演练视频的形式（书中插入了关键维修操作的小视频，扫描书中二维码直接在手机上观看），给读者提供一种便捷的学习方式，使读者通过学习本书能快速掌握消毒柜的维修保养知识和技能。

在内容的安排上，本书首先介绍消毒柜的结构原理、拆机、元器件的识别与检测、维修工具，然后重点介绍消毒柜的维修技能。内容全面系统，注重维修演练，重点突出，形式新颖，图文并茂，配合视频讲解，使读者的学习体验更好，方便学后进行实修和保养操作。

本书所测数据，如未作特殊说明，均为采用MF47型指针式万用表和DT9205A型数字万用表测得。为方便读者查询对照，本书所用符号遵循厂家实物标注（各厂家标注不完全一样），不作国标统一。

本书由张新德等编著，刘淑华参加了部分内容的编写和文字录入工作，张利平、张云坤、张泽宁等在资料收集、实物拍摄、图片处理上提供了支持。

由于水平有限，书中疏漏之处在所难免，恳请广大读者批评指正。

编著者

# 目录

## 第六章 消毒柜维护保养



## 附 录

# 第一章

# 消毒柜结构原理

## 第一节 消毒柜功能

消毒柜（如图 1-1 所示），顾名思义，其功能主要是消毒，它是利用物理或化学的方法清除洗后餐具上残留病原微生物的厨房器具，起到预防疾病的作用。消毒柜除具有消毒杀菌功能外，还有保鲜、洁净、解冻、保温、防潮、防尘、除臭等作用。如把水果放在消毒柜里面长时间都不会变色，而且还有保鲜、洁净的作用，且能去除水果上的残留农药；将饭菜放进消毒柜还可以起到保温的作用；将冰箱里冷冻的肉类放在消毒柜里，能起到解冻的作用。所以消毒柜的功能较多，是现代家庭不可或缺的家用电器之一。

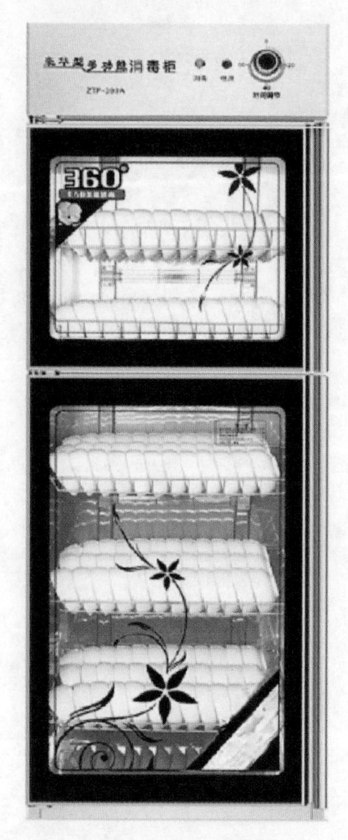

图 1-1 电子消毒柜

消毒柜主要有电热消毒（它是利用红外线石英管发热至高于 100℃的高温，对食具器皿进行灭菌消毒，高温对病毒细菌有明显的致死作用，是消毒效果最好的方式）、臭氧消毒（一是利用专用臭氧发生器产生臭氧来灭菌消毒，二是利用紫外线臭氧灯管产生波长 184.9nm 的紫外线，紫外线使空气中的氧分子电离后再聚合而产生臭氧）、紫外线消毒（它是利用 253.7nm 的紫外线对食具表面进行光照灭菌消毒）三种，目前的大多数消毒柜则将这三种消毒方式同时采用。按消毒等级分为一星级和二星级，星级越高，消毒效果越好。一星级电热消毒：其柜内的温度应不低于 100℃，消毒时间应不小于 15min；二星级电热消毒：其柜内的温度应不低于 120℃，消毒时间应不小于 15min。一星级臭氧消毒：柜内臭氧浓度应不小于 20mg/m$^3$，湿度不小于 80%，消毒时间应不小于 30min；二星级臭氧消毒：柜内臭氧浓度应不小于 40mg/m$^3$，湿度不小于 80%，消毒时间应不小于 60min。一星级消毒柜的消毒效果是对大肠杆菌和金黄色葡萄球菌杀灭率不小于 99.9%；二星级消毒柜其消毒除以上效果外，对乙型肝炎表面抗原（HBsAg）的破坏效果实验应呈阴性反应。不管是一星级还是二星级消毒柜，消毒后对自然菌杀灭率应大于 90%，消毒后致病菌不得检出，否则为不合格产品。

提示

只有紫外线消毒的消毒柜不适合作食具消毒柜，食具消毒至少要达到一星级，最好是达到二星级才安全。

消毒柜的种类有很多，主要有柜式（如图 1-2 所示）、壁挂台式（如图 1-3 所示）和嵌入式（如图 1-4 所示）三种。不管是哪一种，其基本功能是相似的，主要功能是杀菌和消毒。

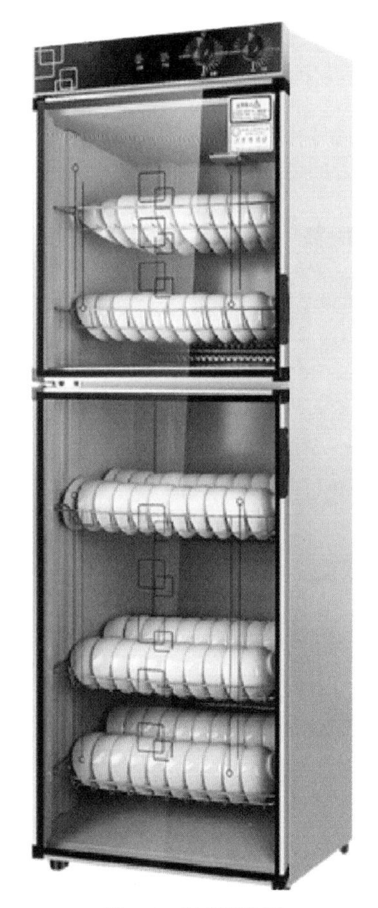

图 1-2　柜式消毒柜

图 1-3　壁挂台式消毒柜

图 1-4　嵌入式消毒柜

提示

目前，家庭使用量最大的消毒柜为嵌入式二星级消毒柜（如图 1-5 所示），不仅消毒彻底，而且节省空间，使用方便。

图 1-5 嵌入式二星级消毒柜

消毒柜按使用环境又可分为家用消毒柜和商用消毒柜，前面介绍的大多是家用消毒柜，商用消毒柜是使用在商业环境中的消毒柜，如图 1-6 所示。不管是家用消毒柜还是商用消毒柜，其工作原理是相同的，只是使用环境不同而已。

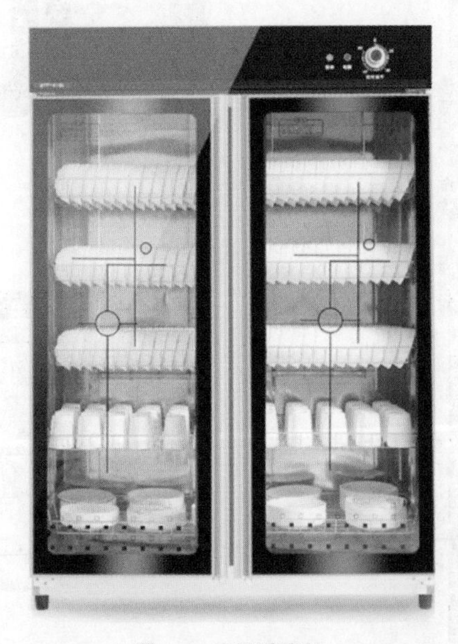

图 1-6 商用消毒柜

## 第二节 消毒柜结构组成

消毒柜的结构较为简单，主要由壳体部分、消毒部分、层架部分和控制部分等组成。不管是哪一种消毒柜，其结构组成主要包括：电源线、显示屏（可选）、电路板（在电器内部）、门拉手、门控开关、熔断器、门或抽屉、层架、排气孔、温控器、发热管、臭氧发生器、紫外线管（可选，有些消毒柜没有）、扣手、筷子架、接水盘、外壳、内胆、滑轨（可选，抽屉式的消毒柜才有）、密封条（可选）等部件。图 1-7 所示为嵌入式消毒柜的结构组成，图 1-8 所示为壁挂台式消毒柜的结构组成，图 1-9 所示为柜式消毒柜的结构组成。

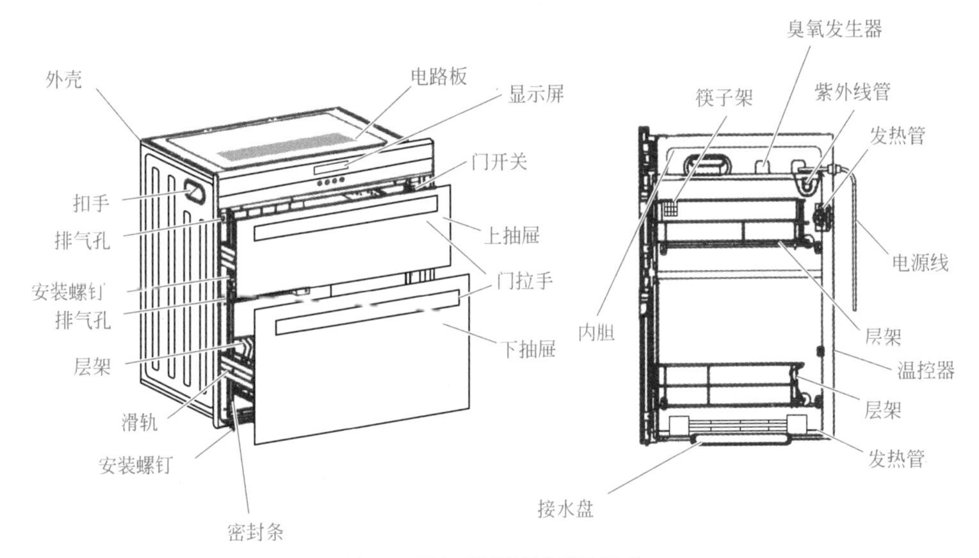


图 1-7　嵌入式消毒柜的结构组成

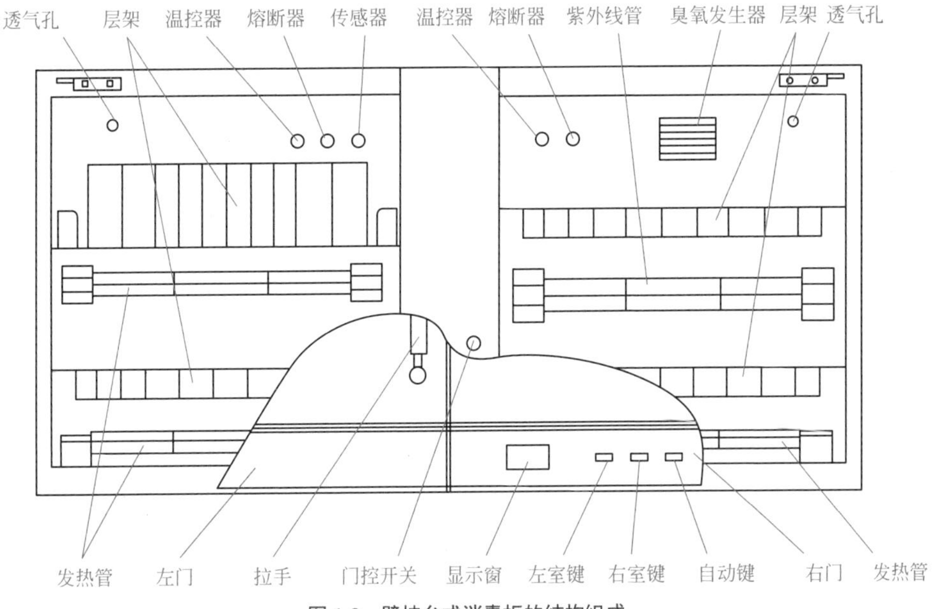


图 1-8　壁挂台式消毒柜的结构组成

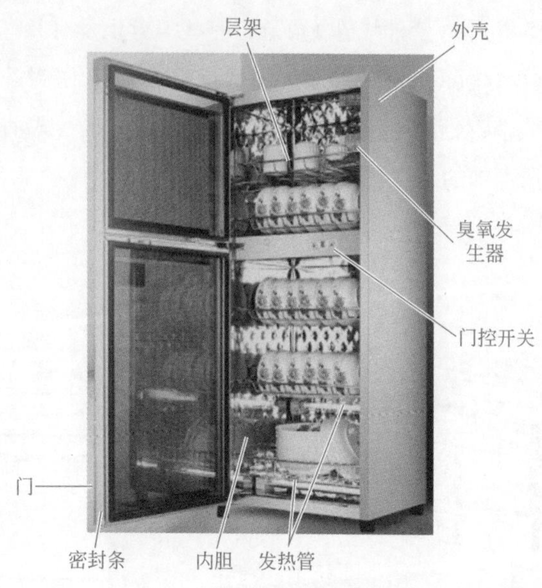


图 1-9 柜式消毒柜的结构组成

## 第三节 消毒柜电气组成

不管是哪一种消毒柜，其电路组成基本类似，如图 1-10 所示，主要由显示板（可选，中低档可能没有）、微电脑控制主板（可选，中低档可能没有）、熔断器、发热管、电子镇流器、臭氧发生器、紫外线灯、门控开关、温度传感器等组成。

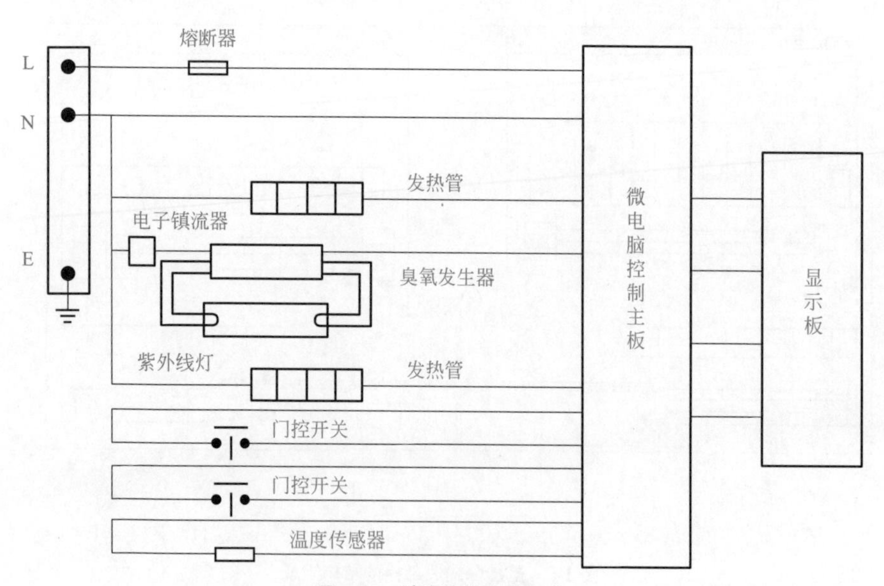


图 1-10 消毒柜的电路组成

**提示**

不同型号的消毒柜，其电气原理略有差异，但大同小异，如图 1-11 ～图 1-16 所示分别为康星 ZTP76-E 系列消毒柜电气原理图、箭牌 WDXD06 电气原理图、箭牌 WDXD07/WDXD08 电气原理图、海尔 ZTD100F-10 光波巴氏消毒柜电气原理图、林内 ZTD90Q-2Q 消毒柜电气原理图、樱花 ZTD90B-7 型（SCQ-90B7 型）消毒柜电气原理图。

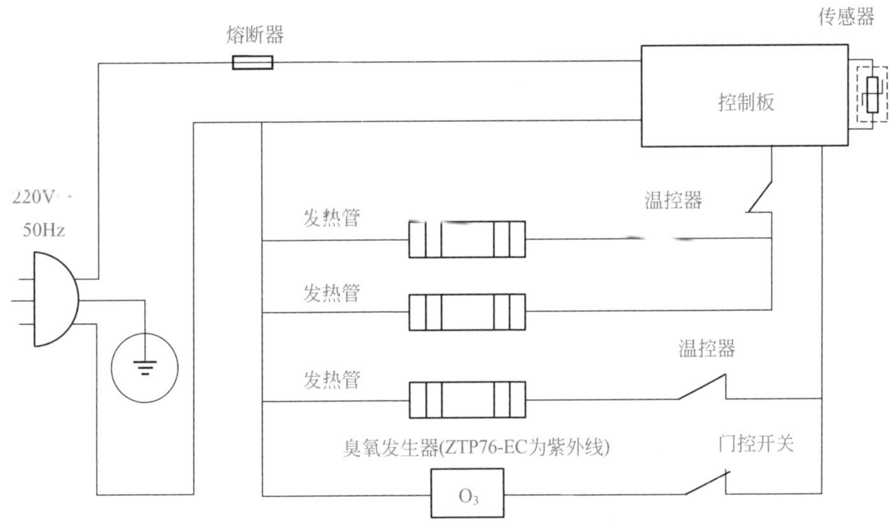


图 1-11　康星 ZTP76-E 系列消毒柜电气原理图

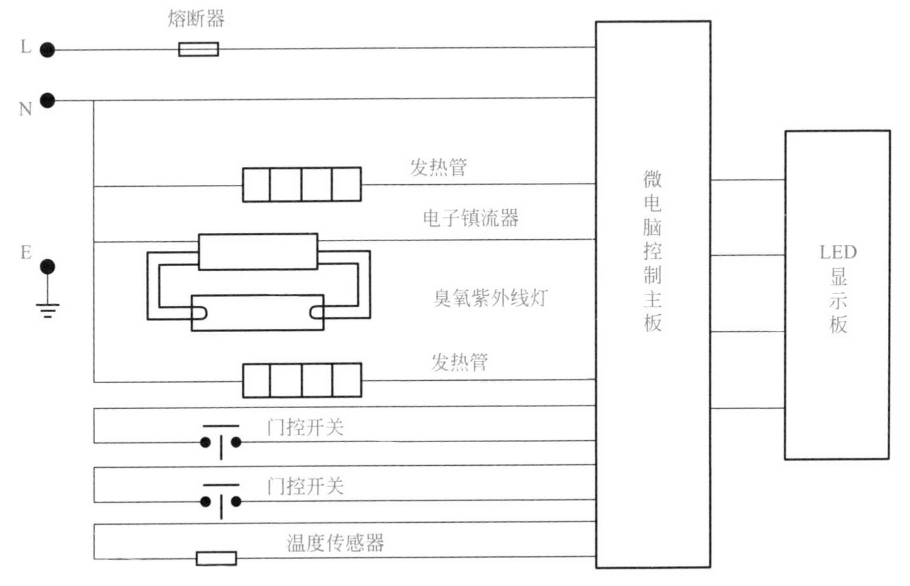


图 1-12　箭牌 WDXD06 电气原理图

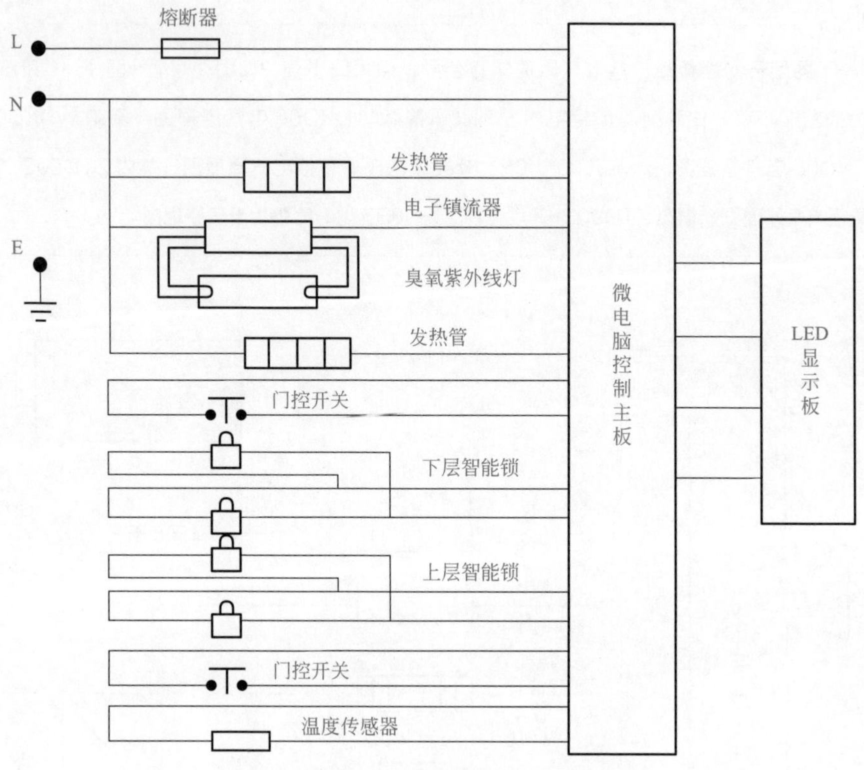


图 1-13　箭牌 WDXD07/WDXD08 电气原理图

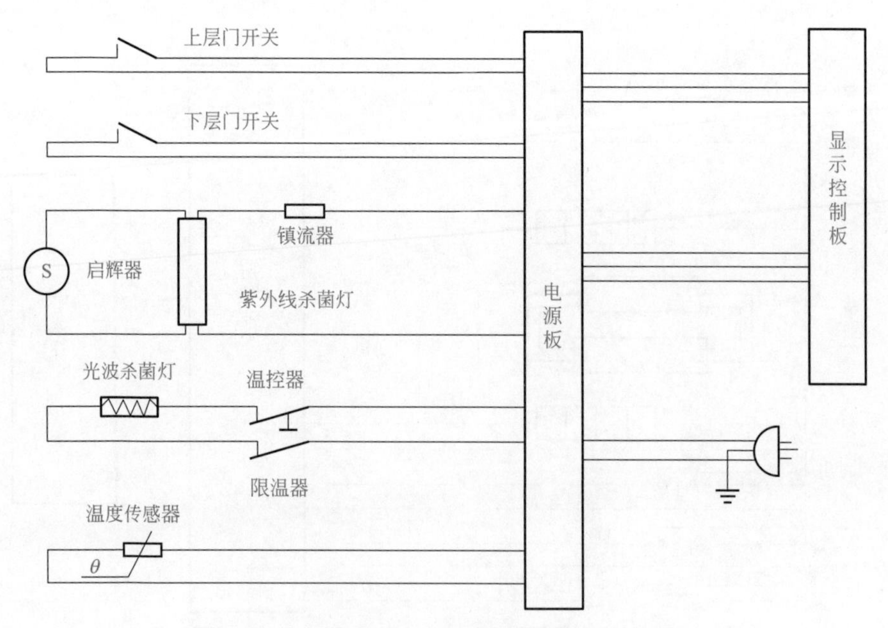


图 1-14　海尔 ZTD100F-10 光波巴氏消毒柜电气原理图

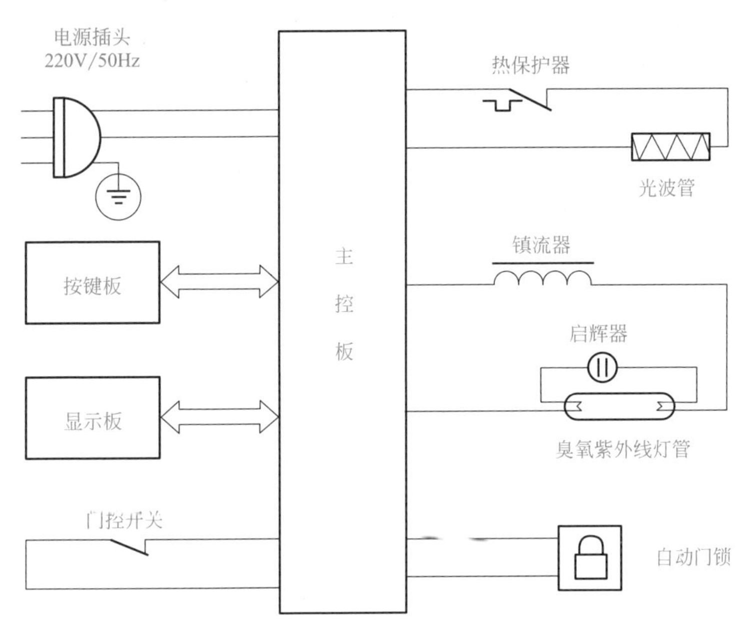


图 1-15 林内 ZTD90Q-2Q 消毒柜电气原理图

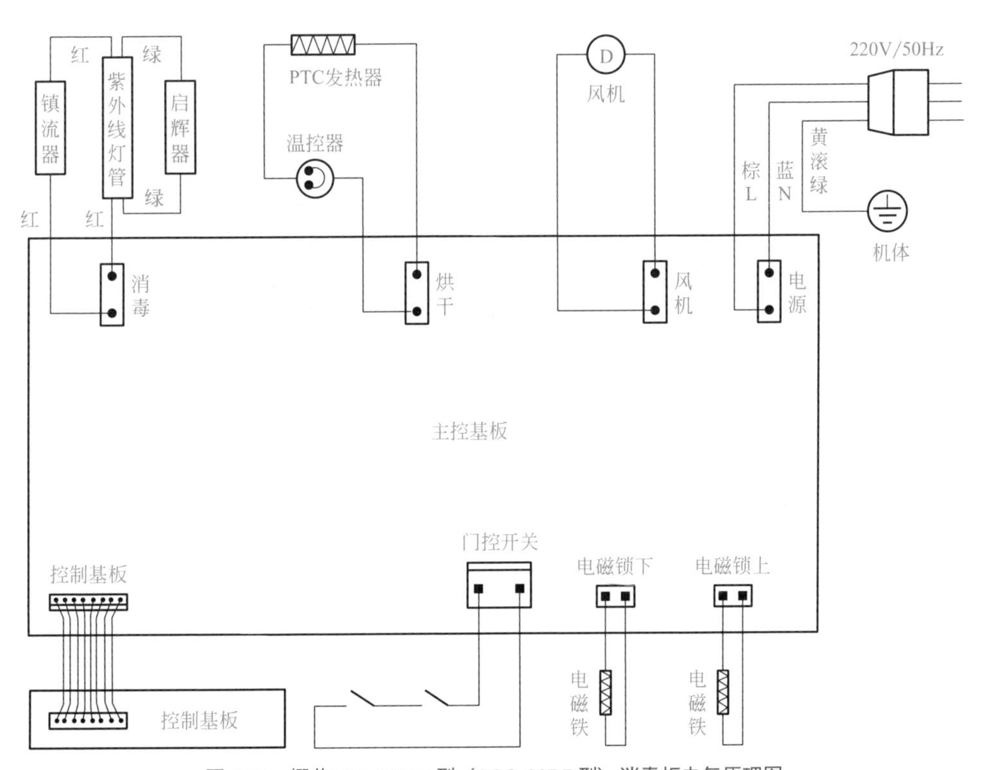


图 1-16 樱花 ZTD90B-7 型（SCQ-90B7 型）消毒柜电气原理图

# 第四节　消毒柜电路实物组成

以下以箭牌 ZTD 系列消毒柜为例介绍消毒柜电路实物组成。消毒柜的电路主要包括电源电路、主板电路、显示板电路、镇流器电路和各种传感及锁控电路。

## 一、电源电路

消毒柜的电源电路相对简单，一般采用变压器降压供电，如图 1-17 所示。它是将 220V 市电降压到 10.5V 供主板整流滤波电路整流滤波后，输出 12V 直流电供主板使用。

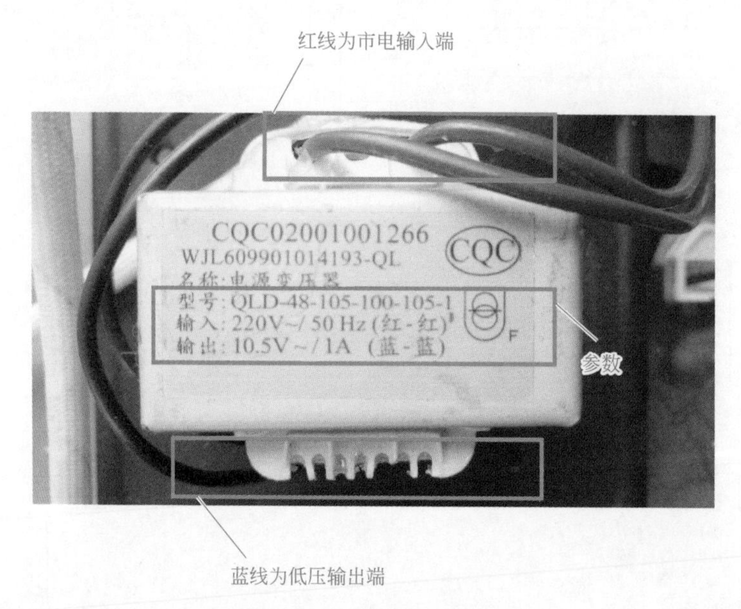


**图 1-17　变压器降压供电**

## 二、主板电路

主板是消毒柜的主控制板，既要将变压器输送过来的低压交流电进行整流滤波，又要对交流市电进行防干扰设计，需要相应的抗电磁干扰电路防干扰，防止主板电路产生的电磁干扰输送到电网，同时也要防止电网上的电磁干扰输送到主板上。

主板得到纯净的低压直流电后，需要整流滤波稳压电路对低压交流电进行处理。处理之后分别要产生 12V（从 10.5V 整流滤波得到）的直流电供主板上的继电器使用，同时产生 5V 或 3.3V（从三端稳压电路得到）直流电供主板上的芯片使用。

主板上的主芯片是一块高压大电流驱动芯片，它是将各传感器和控制面板送来的信号进行处理，并将处理结果变成继电器驱动电压，送到各继电器执行相应的操作。

主板电路实物组成如图 1-18 所示。

图 1-18　主板电路实物组成

## 三、显示板电路

显示板电路是将用户发出的指令通过物理按键或触控按键接收后，送到显示微控制器，其中触摸感应弹簧接收到人体传来的电容信号后，将该信号送到触控按键专用芯片进行处理，该芯片再将处理后的信号送到显示微控制器。显示微控制器一方面将接收到的信号通过数码屏驱动芯片，驱动芯片将信号显示到数码管上，另一方面将接收到的控制信号送到主板主芯片。相关电路实物如图 1-19 所示。

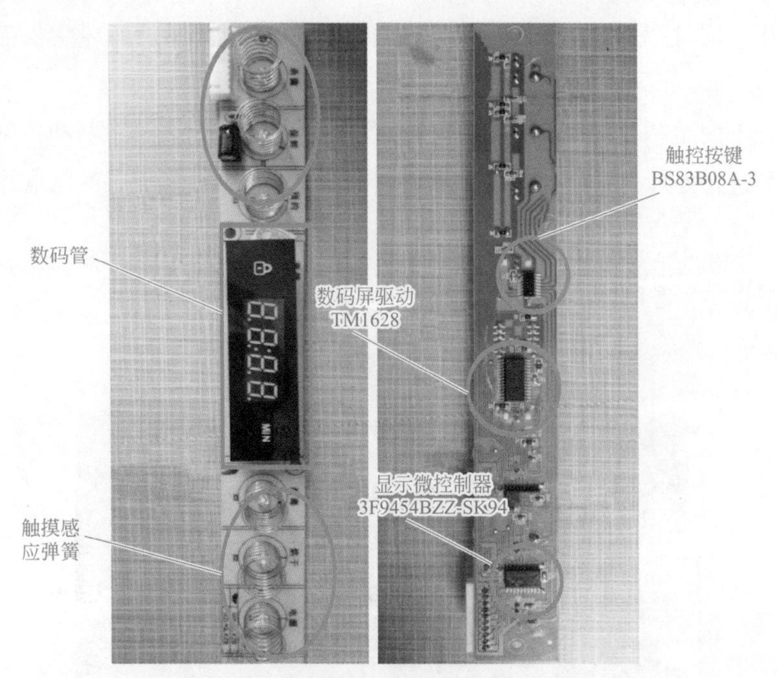


图 1-19 显示板实物电路组成

## 四、镇流器电路

镇流器电路类似于开关电源电路，它是由全波整流电路（输出脉动直流电）、两只 13001（或 13002、13003 等）组成的高频振荡电路（输出高频交流电）、变压器和电容组成的 LC 输出电路（降压到灯管适用的可控电压和功率，供不同的灯管启动和工作所用）组成，如图 1-20 所示。镇流器电路的作用是将不可控电压和功率变成可控的电压、电流和适配功率，也就是说是在灯管发光时产生高电压使灯管内的气体击穿放电开始启动，启动之后降压，同时限制通过灯管的电流在额定值之内，使灯管能正常发光。

## 五、传感及锁控电路

消毒柜的传感及锁控电路包括温度传感电路（由热敏电阻组成）、高温熔断保护电路（由过温熔断电阻组成）、门控电路（由各路门控开关组成）、智能锁控电路（由各路电磁锁组成）等，如图 1-21 所示。这些电路大多只有单独的元器件，并且通过线束分布在消毒柜的各个部位，最后通过线束接插器连接到主板上，为主板提供各方面的控制信息。

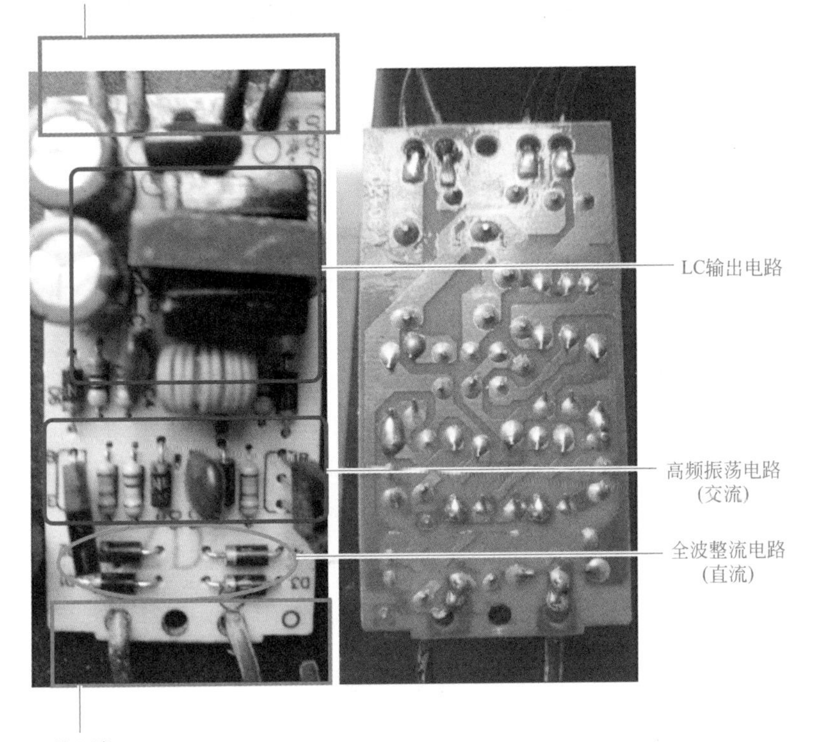


图 1-20　镇流器电路实物组成

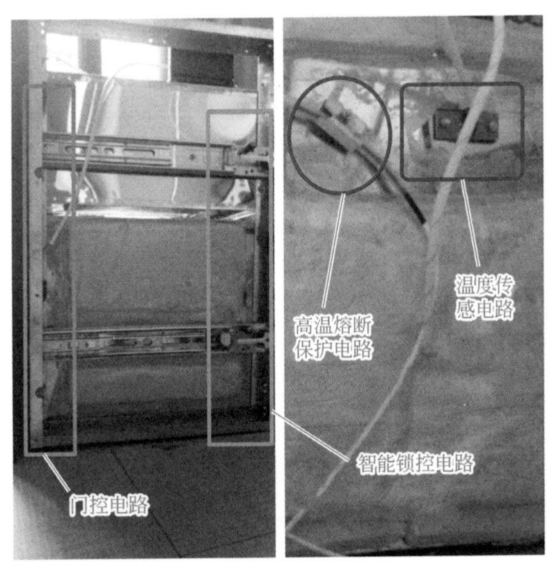


图 1-21　传感及锁控电路实物组成

# 第五节　消毒柜工作原理

## 一、红外线高温消毒原理

红外线高温消毒是最基本的消毒方式，也是消毒最彻底的方式之一。它是利用高温红外线管产生热量，直接对餐具进行加热，将餐具加热到120℃，并维持20min以上的时间来达到杀灭病毒的目的，如图1-22所示。红外线高温消毒一般控制温度在120℃，加热时间20min（一星级消毒）或40min（二星级消毒），采用常闭的120℃温控器进行控制。当消毒柜内的温度超过120℃时温控器自动断开，红外线管停止工作；当温度降到120℃以下后温控器又闭合通电，红外线管继续加热，使消毒柜内温度维持在120℃左右。餐具在120℃的高温状态下，其表面的各种细菌病毒均可杀死，从而达到消毒的目的。

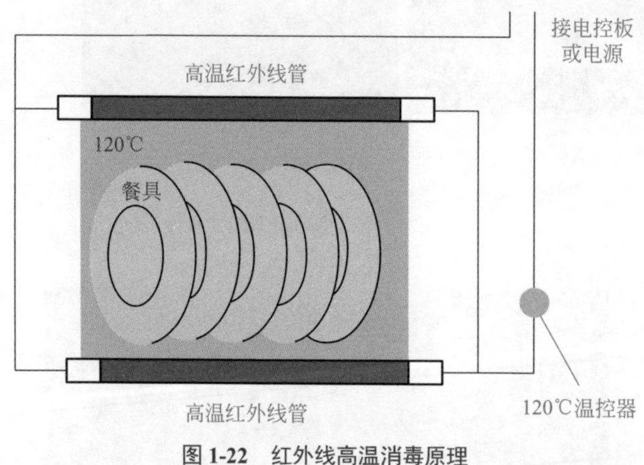


图1-22　红外线高温消毒原理

## 二、臭氧消毒原理

臭氧（$O_3$）消毒是利用臭氧的强氧化性来消毒的。臭氧消毒灭菌过程属于氧化反应，它通过氧化分解细菌内部葡萄糖所需的酶，使细菌灭活死亡或直接破坏细菌细胞器、DNA和RNA，使细菌的新陈代谢受到破坏，导致细菌死亡，甚至可透过细菌细胞膜组织侵入细胞内部，使细菌发生通透性畸变而溶解死亡。不管哪一种方式，臭氧都是细菌灭活的有效方式之一。不过，臭氧浓度过低时不能杀灭乙肝病毒等生命力很强的病毒，只有浓度超过40mg/m$^3$且持续时间超过20min，臭氧消毒才能杀死乙肝病毒。

消毒柜中采用臭氧消毒的方式是利用臭氧发生器或紫外线灯产生臭氧，臭氧在消毒柜的密封环境保留一定的时间就能有效杀灭细菌，如图 1-23 所示。日常生活中雷电能产生臭氧分子，其原理就是雷电高压使空气中的氧气电离而产生臭氧分子。臭氧发生器（如图 1-24 所示）就是模拟雷电高压而发明的，它通过升压原理产生高电压，当高压达到一定程度时空气将被击穿，空气中的分子被电离，空气中的氧气分子被电离后产生由三个氧原子结合而成的臭氧分子，空气持续电离就会源源不断地产生臭氧分子，这就是臭氧发生器的工作原理。

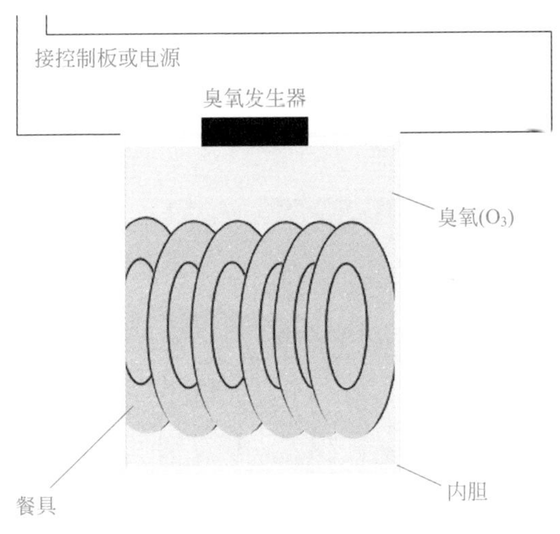


图 1-23 臭氧消毒原理

图 1-24 臭氧发生器

提示

臭氧只有在低温下才具有杀菌的作用，当温度超过 60℃时，臭氧会还原为氧气。所以消毒时应先用臭氧杀菌，再中温烘干，反过来则没有杀菌效果。

## 三、紫外线消毒原理

紫外线消毒（如图 1-25 所示）是利用紫外线管发出紫外线，其中光谱线（253.7nm）照射微生物的 DNA 时具有杀灭微生物的作用。但紫外线只沿直线传播，只有紫外线照射到的地方才能杀毒，也就是说紫外线消毒存在有消毒死角的缺点。

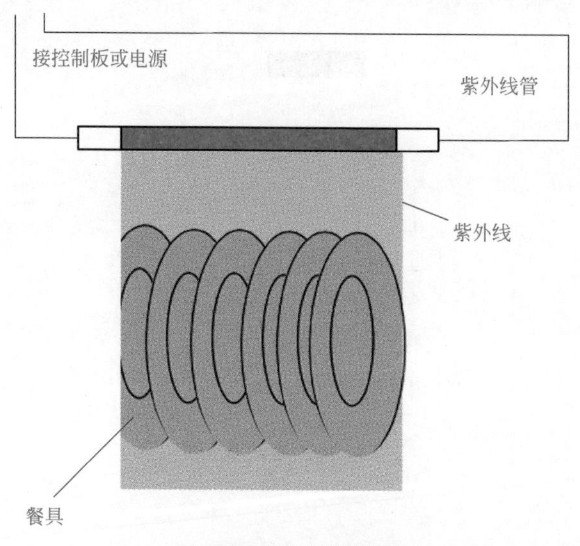


图 1-25 紫外线消毒原理

## 四、紫外线臭氧二合一消毒原理

紫外线臭氧二合一消毒是利用紫外线杀菌灯能同时发出 253.7nm 的光谱线和 184.9nm 的光谱线。253.7nm 紫外线通过照射微生物的 DNA 来杀灭细菌，184.9nm 紫外线照射空气中的 $O_2$ 分子，能将 $O_2$ 变成 $O_3$（臭氧），而臭氧具有强氧化作用，可有效地杀灭细菌。同时，臭氧的弥散性恰好可弥补由于紫外线只沿直线传播、消毒有死角的缺点。所以紫外线臭氧二合一消毒的消毒效果更好，消毒彻底。在家用消毒柜中大多采用紫外线杀菌灯来同时达到臭氧消毒和紫外线消毒的目的。

**提示**

家用消毒柜一般不采用专门的臭氧发生器，而是利用紫外线杀菌灯同时产生两种波长的光波，分别是 253.7nm 的紫外线和 184.9nm 的紫外线，前者直接杀菌，后者接触空气后能使氧气分子合成臭氧分子而进行消毒。

## 五、电子消毒柜工作原理

消毒柜的工作目标就是使消毒柜内的红外线发热器能按时点亮和熄灭、臭氧紫外线发生器能受控制开和关。要完成这一控制动作，需要有供电电源、微电脑电路、继电器或晶闸管及显示屏等。交流进线电路将 220V 交流电接入消毒柜内，一路直接送到红外线发热器和臭氧紫外线灯，为红外线发热器和臭氧紫外线灯提供 220V 的交流电源；一路通过电源变压器变压，输出 13.3V 左右的低压交流电，13.3V 交流电经整流桥整流后，输出 12V 直流电，该直流电分成两路，一路供输出控制继电器或晶闸管使用，一路经 7805 三端稳压后输出 5V 直流电，供微电脑电路和显示电路使用。消毒柜电气电路框图如图 1-26 所示，由交流进线电路、电源电路、微电脑电路、输出驱动控制电路、显示屏电路、红外线发热电路、臭氧紫外线发生器电路等组成。

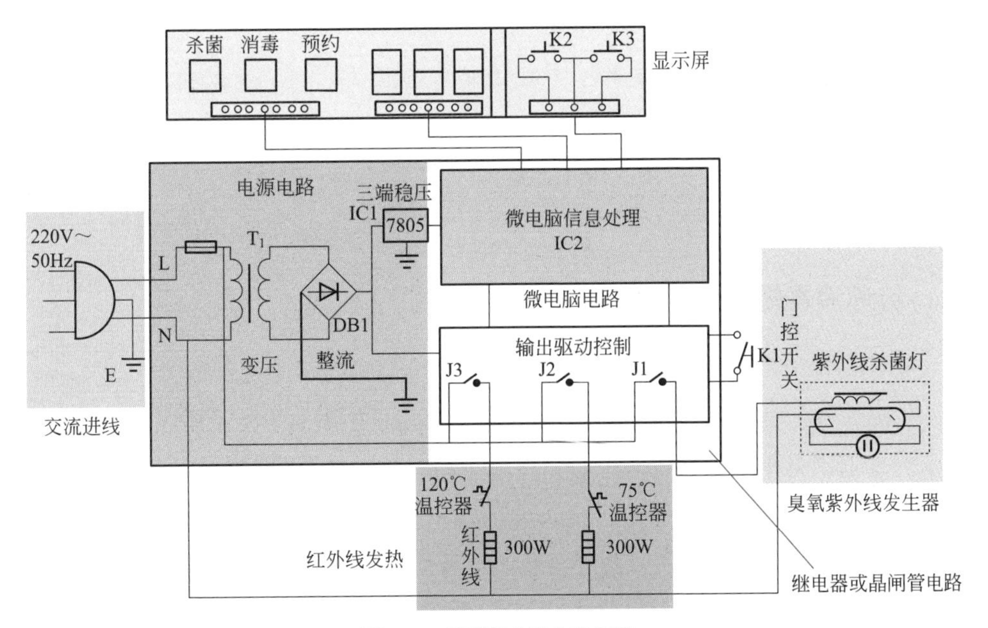


图 1-26　消毒柜电气电路框图

提示

交流电压全波整流输出电压预估方法：若整流后直接输出，无大容量滤波电路，则其输出的电压为原电压的 0.9 倍；若整流后有大容量滤波电路，则其输出电压为原电压的 1.414 倍。

微电脑电路是消毒柜的控制中心，相当于人的大脑，得到 5V 工作电源后，微电脑电路工作，将来自显示屏的控制信号进行处理后送到输出控制电路，分别控制红外线发热器和臭氧紫外线发生器供电的打开和断开，并将定时信号和工作状态信号反馈后送到显示屏上显示出来。显示屏除接收用户指令，还具有显示消毒柜工作状态信息的功能。

120℃温控器和 75℃温控器分别用来控制消毒和杀菌的加热温度，当温度超过 120℃时 120℃温控器断开，待到温度低于 120℃时再恢复供电，以此来保持消毒的温度基本恒定在 120℃；当温度超过 75℃时，75℃温控器断开，待温度低于 75℃时再恢复供电，以此来保持杀菌温度基本保持在 75℃。输出驱动控制继电器或晶闸管用来控制红外线加热及紫外线杀菌灯工作的时长。用户输入不同的消毒方式，微电脑会输出不同的控制时长来控制红外线加热管和紫外线杀菌灯的工作时间。当用户中途中断电源，再开启电源时，程序将重新开始计算时长。

提示

有的电子消毒柜带有温度传感器，用来感知柜内的温度，并将感知的温度信息反馈给微电脑，由微电脑作出指令判断。有的电子消毒柜还带有烘干功能，就是在输出驱动控制电路还接有 PTC 加热风扇，由该风扇对餐具进行烘干处理。

## 六、普通消毒柜工作原理

普通消毒柜更为简单，没有微电脑板，也没有输出驱动控制机构，只有温控器，用温控器自动控制柜内的温度。目前的低档消毒柜不属于电子消毒柜。图 1-27 所示为普通消毒柜的工作原理框图。交流进线电源将 220V 交流电引入消毒柜后，直接加到接线盒，接线盒将 220V 交流电直接送到熔断器、定时器、发热管、温控器、门控开关、臭氧发生器或紫外线灯上，当按下定时器时，消毒柜则进行消毒，当定时器倒计时到点时，则自动关闭电源，消毒柜停止消毒。此类消毒柜结构简单，只用温控器和定时器来控制电路工作，没有复杂的电子电路。

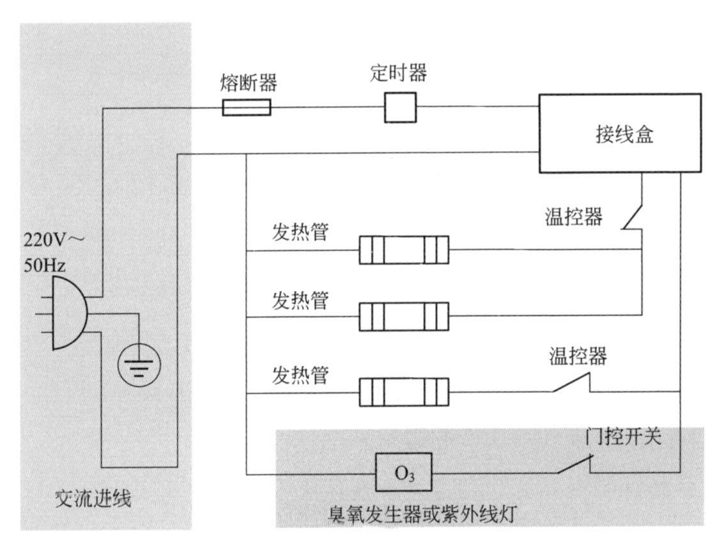


图 1-27　普通消毒柜的工作原理框图

## 七、消毒柜单元电路工作原理

### （一）消毒柜电源电路工作原理

图 1-28 所示为电子消毒柜电源电路，图中，FUSE 为熔断器，PT 为定时器，VD1 为半波整流二极管，R1 为降压电阻，VD2 为发光二极管，R2 为抗干扰电阻，C1 为抗干扰电容，BD1 为全桥整流二极管，$V_{CC}$ 为电源输出的直流电源。

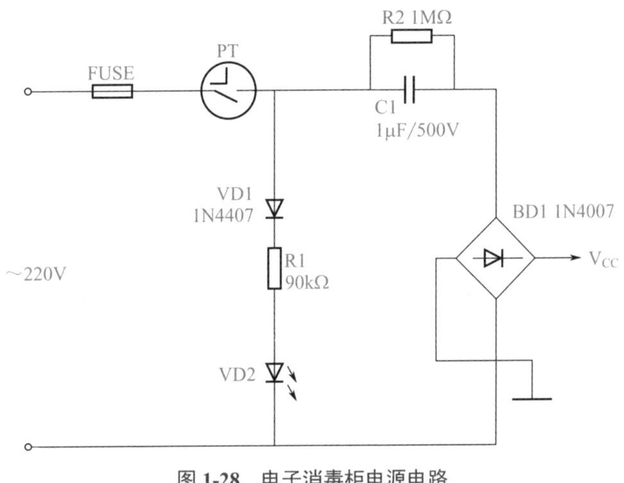


图 1-28　电子消毒柜电源电路

电子消毒电源电路的工作原理：220V交流市电经FUSE输入到定时器PT，若定时器PT接通，220V交流电加到VD1、R1组成的整流降压电路，得到低压直流电压，供到发光二极管VD2，VD2发光，表示电源电路得电。同时，220V交流电送到C1和R2组成的阻容抗干扰电路，以隔断外网的电磁干扰。经过抗干扰电路后，由于C1有隔直通交的作用，220V交流电经C1加到全桥整流块BD1，BD1整流滤波后，输出$V_{CC}$直流电源到后级电路，供负载使用。当然，稍简单的消毒柜，其电源电路更为简单，直接将220V交流电送到后级电路，没有抗干扰和整流电路。

### （二）消毒柜臭氧发生器工作原理

臭氧发生器目前主要有三种方式：高压放电式、紫外线照射式和电解式，以高压放电式和紫外线照射式为主。紫外线照射式臭氧发生器是使用特定波长（184.9nm）的紫外线照射氧分子，使氧分子分解而产生臭氧。由于紫外线灯管体积大、臭氧产量低、使用寿命短，因此这种发生器使用范围较窄，常见于家用消毒柜上。若需要大容量的臭氧发生器，则采用高压放电式臭氧发生器。下面主要介绍高压放电式臭氧发生器的工作原理。

高压放电式臭氧发生器是使用一定频率的高压电流制造高压电晕电场，使电场内或电场周围的氧分子发生电化学反应，从而制造出臭氧。高压电晕电场是通过升压变压器的低压端LC振荡电路产生振荡，在升压变压器的高压端输出交变高压电压到电极，从而在电极上产生高压电晕电场。

产生振荡电路的方式有多种，通常有通过晶闸管间断触发使LC电路振荡、晶体管逆变电路使LC电路振荡、时基电路直接产生振荡频率直接组成振荡电路等。不管哪一种方式，升压变压器和振荡电路是必不可少的，只不过组成振荡电路的方式有多种，振荡电路上的元器件不同，其振荡频率也不同。

晶闸管间断触发使LC电路产生振荡的工作原理如图1-29所示，全桥整流电路将220V交流市电整流为脉动直流电（约300V），脉动直流电加到触发电路，触发电路得电后，VT1导通，直流电通过VT1加到C1和L1两端，C1充电。当C1充满时，开始通过VD2、R2反向放电，使VT1触发极电压降低，VT1截止，当C1放电完毕，VT1的触发极电压升高，VT1又导通，将直流电压又加到LC振荡电路，C1又充电。如此反复，LC振荡电路产生振荡电压，在其二次侧L2产生类似交流高压，交流高压送到臭氧发生管VD，VD周围的电晕电场击穿空气，产生臭氧分子。

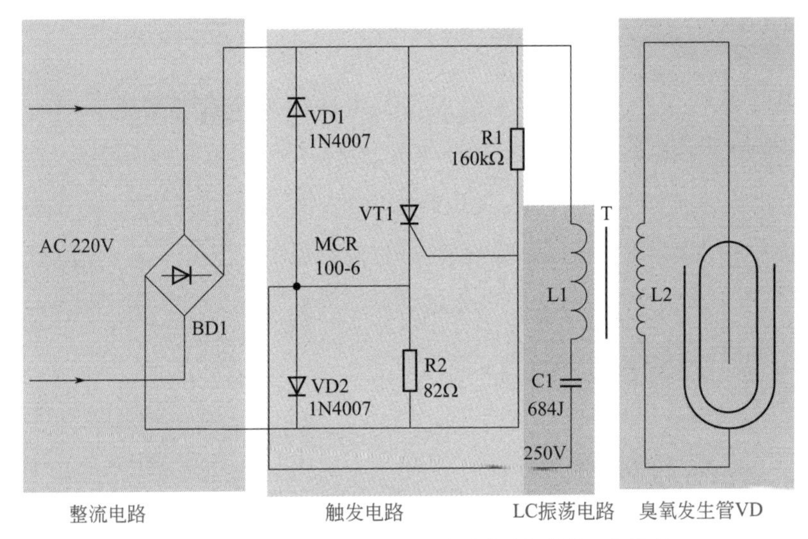


**图 1-29 晶闸管间断触发使 LC 电路产生振荡的工作原理**

晶体管逆变电路使 LC 电路产生振荡的工作原理如图 1-30 所示。电源电路经全波整流后产生约 300V 的直流电压，直流电压送到触发电路，经 R1 给 C3 充电，当 C3 充电后的端电压大于 VD3 的触发电压时，VD3 导通，VT2 的基极电压升高，VT2 导通，VT1、VT2 组成的逆变电路启动。逆变电路为振荡电路提供高频交流电

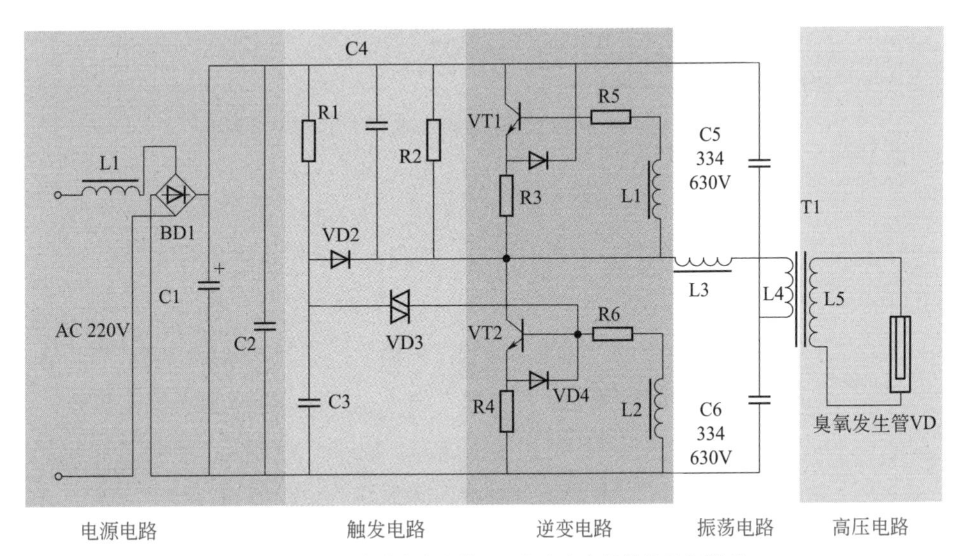


**图 1-30 晶体管逆变电路使 LC 电路产生振荡的工作原理**

压，L3、L4、C5、C6 组成的振荡电路得到高频交流电压后产生高频振荡，T1 一次侧输入高频振荡电压后，其二次侧 L5 则输出高频交流高压送到臭氧发生管 VD，使 VD 电离空气产生臭氧。

时基电路直接产生振荡频率组成振荡电路的工作原理如图 1-31 所示。IC1（7805）组成 +5V 电源电路，供 IC2 及外围电路使用；时基电路在得到 +5V 电源电压后开始工作，产生 10 ～ 25kHz 的振荡频率，VD1 指示灯高频点亮，VT1 不断地高频开和关，VT1 与 L1 组成振荡电路，产生高频振荡，于是在升压变压器 T1 的二次侧 L2 上产生高频交变电压，该电压送到臭氧发生器 VD，产生高频电晕，电离其外围的空气产生臭氧分子。

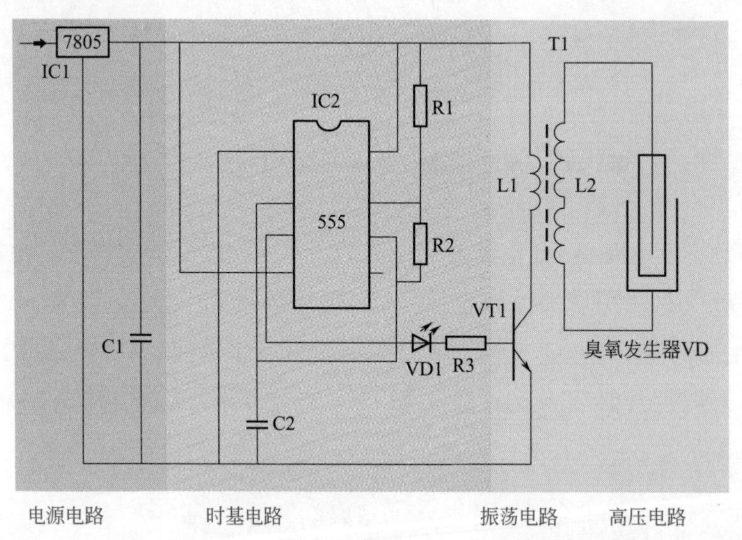


图 1-31 时基电路直接产生振荡频率组成振荡电路的工作原理

高压电晕电场形成后，当高压达到一定程度，电场电极周围的空气被击穿，空气中的分子被电离。其中氧气分子被电离后产生由三个氧原子结合而成的臭氧分子，产生出臭氧。所以一般人们也把臭氧发生器称为“负氧离子发生器”。

按电场电极是密封的还是外露的，臭氧发生器分为密封式间隙放电式和开放式电极放电式两种。密封式间隙放电式是臭氧在内外电极区间的间隙内产生臭氧，臭氧能够集中收集并通过管道送出，可用于水处理，如图 1-32 所示为密封式臭氧发生器；开放式的电极是裸露在空气中的，所产生的臭氧直接扩散到空气中，不能通过管道送出，通常多用于小空间的空气灭菌消毒。因此，在消毒柜中多采用开放式电极放电式臭氧发生器，如图 1-33 所示。

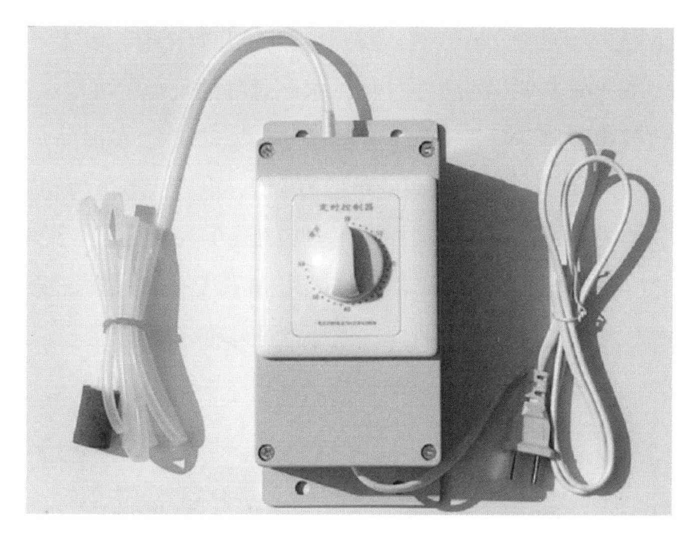

图 1-32　密封式间隙放电式臭氧发生器

图 1-33　开放式电极放电式臭氧发生器

## （三）消毒柜定时电路工作原理

消毒柜定时电路一般采用 555 时基电路作为控制电路，如图 1-34 所示。将时基电路 IC1（555）接成单稳态触发器模式，IC1 加电后，电源通过 R2 给 C2 充满电，按动消毒启动键“AN”时，C2 开始放电，C2 的放电电流送到 IC1 的 2 脚，IC1 被触发，其 3 脚输出约 200mA 的高电平，VD2 点亮，继电器 K 吸合（开始消毒）。AN

是无自锁开关，按一下就跳开了，AN 断开后，C2 开始充电，由于 C2 两端电压不能突变，会有一个经 R2 充电的缓变过程，这一过程的长短就决定了 IC1 触发输出时间的长短。也就是说消毒时间（即暂稳态时间）由 R2、C2 的时间常数 $t$ 决定，通常按 $t=1.1R_2C_2$ 进行估算（规定：电阻的单位为 MΩ，电容的单位为 μF，时间常数的单位为 s），图中，1.1×3.3×330=1197.9（s），1197.9/60≈20（min），说明该电路可定时 20min。当 C2 两端电压达到 $2/3V_{CC}$ 时，IC1 的 6 脚复位脚触发，复位脚 6 脚控制 3 脚翻转为低电平，继电器 K 失电断开，消毒定时自动结束。

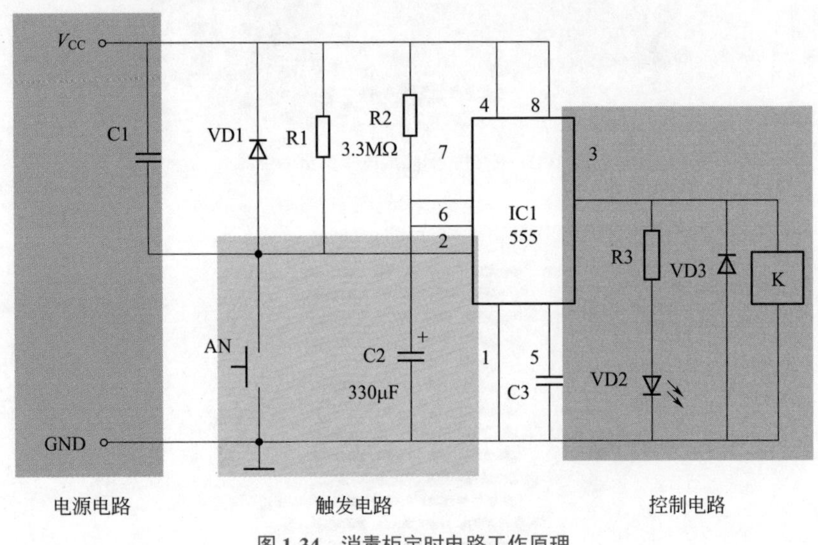


图 1-34 消毒柜定时电路工作原理

# 第二章

# 消毒柜拆机与元器件的识别与检测

# 第一节　消毒柜拆机

## 一、整机拆机

消毒柜主要有三种：柜式、挂式和嵌入式，其中嵌入式最为复杂。以下介绍嵌入式消毒柜的拆机方法与步骤。

① 拆下固定消毒柜与厨柜之间的两颗螺钉，从厨柜内拆出嵌入式消毒柜。如图 2-1 所示。

拆消毒柜

图 2-1　从厨柜内拆出嵌入式消毒柜

② 旋下消毒柜顶盖的固定螺钉，拿开顶盖（如图 2-2 所示），露出电控室。

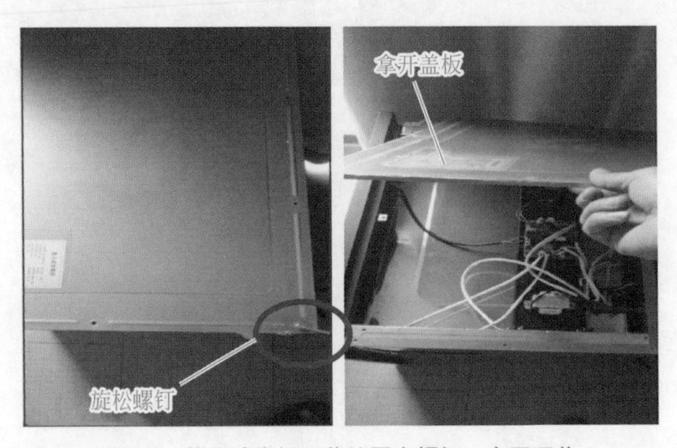


图 2-2　旋下消毒柜顶盖的固定螺钉，拿开顶盖

③ 拆除上下抽屉，露出上室内胆和下室内胆，如图 2-3 所示。

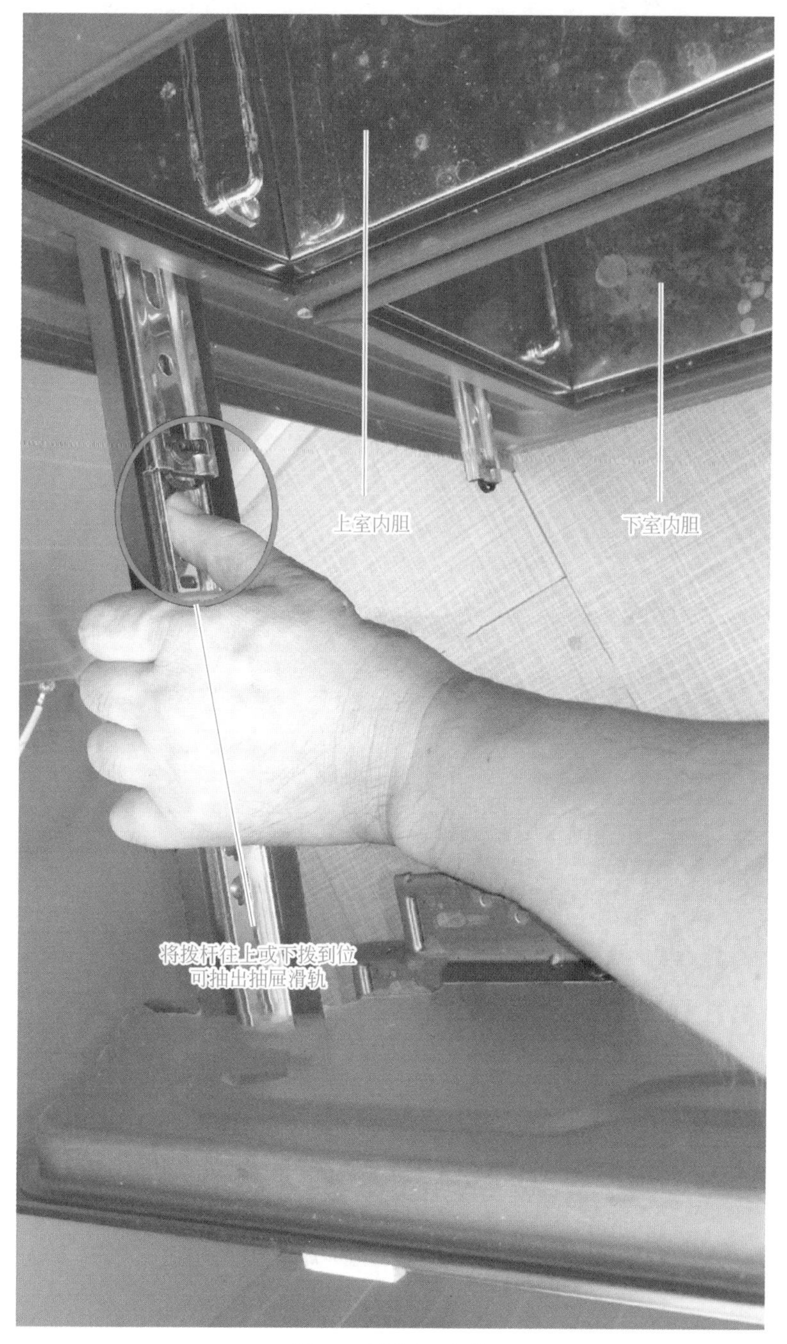


图 2-3　拆除上下抽屉

④ 拆除四周围挡，露出消毒柜内部结构的电气部件，如图 2-4 所示。

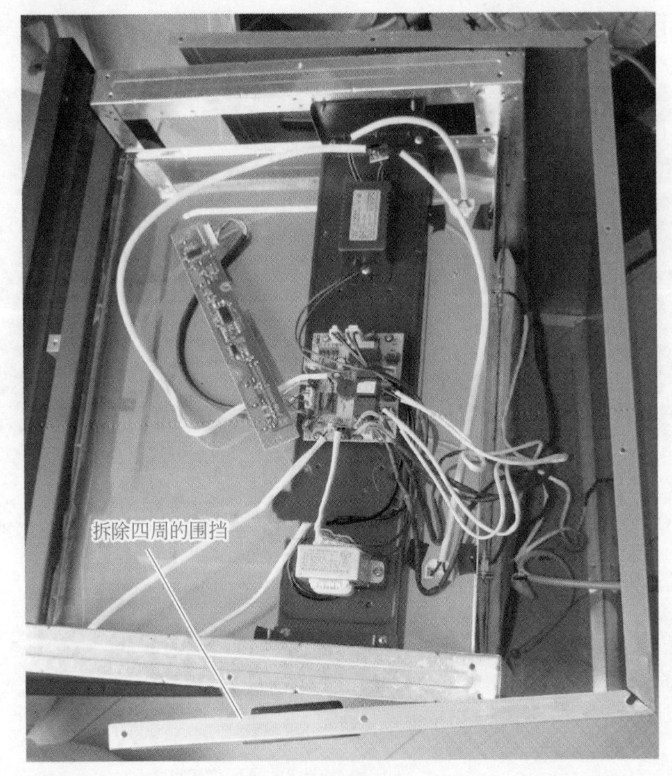


图 2-4 拆除四周围挡

⑤ 拆除控制面板的固定螺钉，拆下控制面板，如图 2-5 所示。

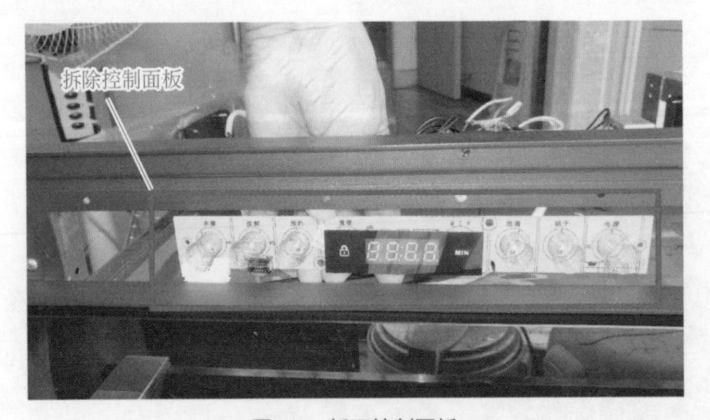


图 2-5 拆下控制面板

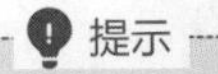

拆除控制面板时，一定要一手拿住控制面板，一手拆固定螺钉，以防控制面板掉落，打碎面板的钢化玻璃。

## 二、部件拆装

### （一）温度传感器的拆装

温度传感器一般安装在消毒柜背面的内胆里，可直接检测出内胆内部的温度。拆装时，只要旋下温度传感器的两颗固定螺钉即可拆下温度传感器，如图 2-6 所示。安装则按相反的顺序进行。

图 2-6 温度传感器的拆装

温度传感器的拆装

提示

消毒柜大多采用玻封热敏电阻作为温度传感器，因为玻封热敏电阻的防湿性能较好，可在高温高湿的环境下保持良好的控温精度。

### （二）热保护熔断器的拆装

消毒柜光波加热柜根据最高温度的不同需求增加热保护熔断器，以便在消毒柜温控失灵时切断供电电源，保护消毒柜的安全使用。热保护熔断器安装在内胆的外部金属壳上，以便感知内胆的最高温度。拆装时，只要将固定热保护熔断器卡子的固定螺钉旋松，用钳子将金属钩子撬起一点点，就能将热保护熔断器从金属卡子中拿出，将熔断器外部的硅胶套滑开，熔断器即可露出来，

热保护熔断器的拆装

如图 2-7 所示。安装熔断器则按拆卸的相反顺序进行。

图 2-7　热保护熔断器的拆装

## （三）门控开关的拆装

电子消毒柜每个消毒框都有门控开关，门控开关一般安装在消毒框的侧面，采用嵌入式安装。拆卸时，先拔掉门控开关上的两个接插器，用手压住门控开关一端的卡销弹片，将卡销弹簧用力往外推，则可将门控开关一端推出，再拿出整个门控开关即可，图 2-8 所示 1 ～ 5 为其拆卸步骤。安装则按相反的顺序进行即可。

门控开关的拆装

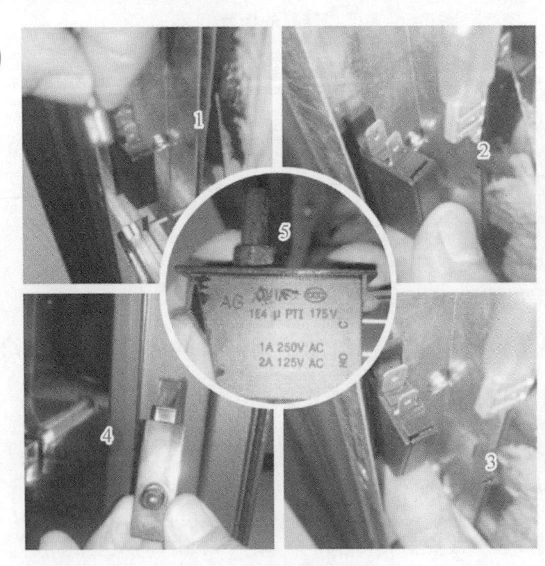


图 2-8　门控开关的拆装

### （四）门锁的拆装

嵌入式消毒柜的门锁安装在滑轨的后端，也就是说在消毒柜的两侧，每个滑轨的后端均有一个门锁。拆卸门锁时，先拆除门锁上的两颗固定螺钉，则可取下门锁体，如图 2-9 所示。安装门锁则按拆装的相反顺序进行。

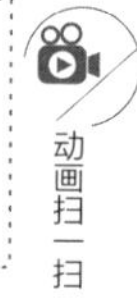


消毒柜门锁的拆装

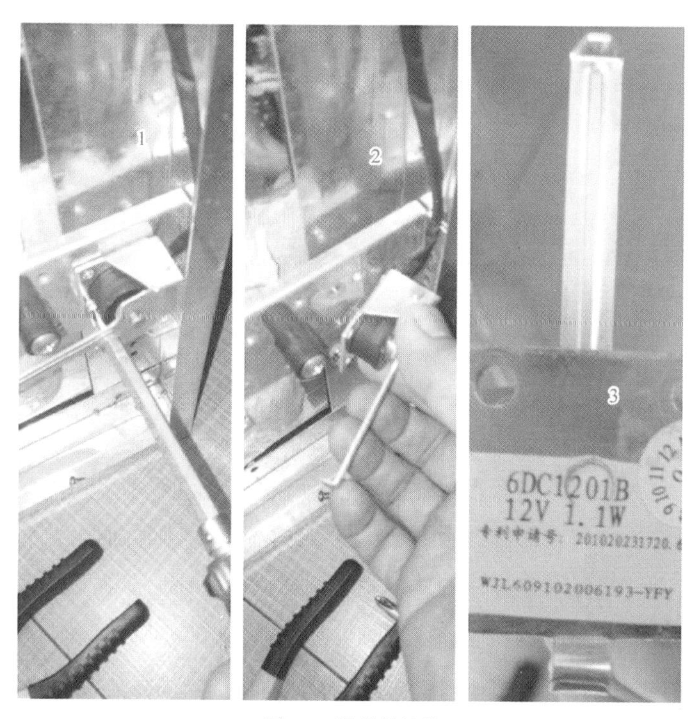


图 2-9　门锁的拆装

**提示**

门锁的固定螺孔往往有多个，门锁安装在不同的固定螺孔，门锁的位置就不同。所以，多个固定螺孔是用来调整门锁的安装位置的。

### （五）光波管的拆装

拆装光波管先要拆除光波管两端安装座上的保护罩，拿开保护罩后，再拿开陶瓷座的上半部分，露出光波管的接线柱，抽出光波管的保护网，拿出光波管，拆除光波管接线柱上的固定螺钉即可拆除光波管。安装则按拆卸相反的顺序进行，如图 2-10 所示。

光波管的拆装方法

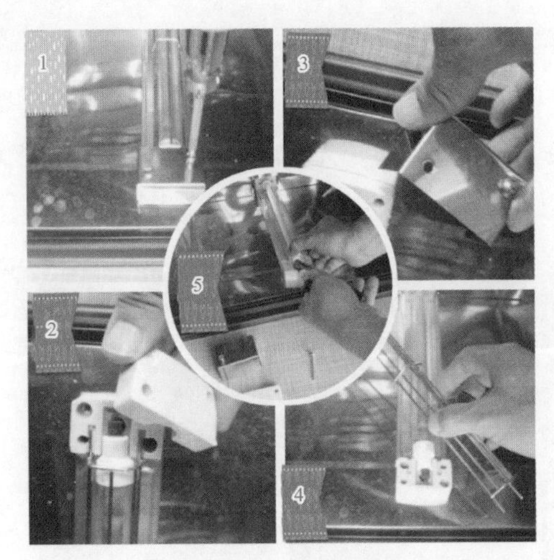


图 2-10 光波管的拆装

## （六）拆装紫外线灯管

拆卸紫外线灯管时，先用力往下拉光波管的外罩，将外罩四个弹力固定脚（固定脚外部有胶带粘住，要用力拉，使固定脚与胶带脱离）从内胆上的四个孔中拉出，拆出外罩；用一字螺丝刀从内胆外部将光波管的管座卡扣撬起，有四个卡扣，分别撬起后管座与内胆脱离；从内胆内部，将两个管座分别往两端推，则可取出紫外线灯管。拆出紫外线灯管后，则可看到灯管的功率和光谱线波长参数。安装则按拆卸的相反顺序进行，如图 2-11 所示。拆装紫外线灯管见视频。

动画扫一扫

拆装消毒柜紫外线灯管

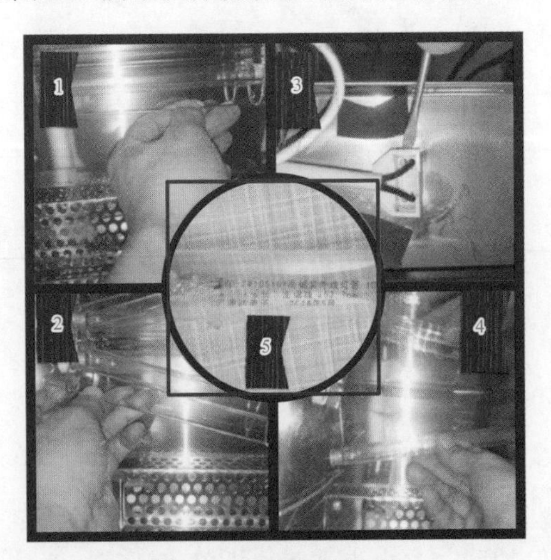


图 2-11 拆装紫外线灯管

**提示**

安装外罩时，要先将靠内胆里的两个弹力脚插入固定孔中，再将外部的两个弹力脚分别插入外部的固定孔中，插好之后，要将内部外部的胶带重新粘住弹力脚。

# 第二节　专用元器件识别与检测

## 一、发热管

发热管又称光波管、远红外线石英管，它是由镍铬丝和石英玻璃管组成，图 2-12 所示为其实物图。

图 2-12　发热管

不同的消毒柜，其发热管的长度也不一定相同，发热管的长度是不包含两头的接线螺钉在内的实际长度，如图 2-13 所示。若是测其他部位的长度，则要增减相应的长度，如图 2-14 所示。

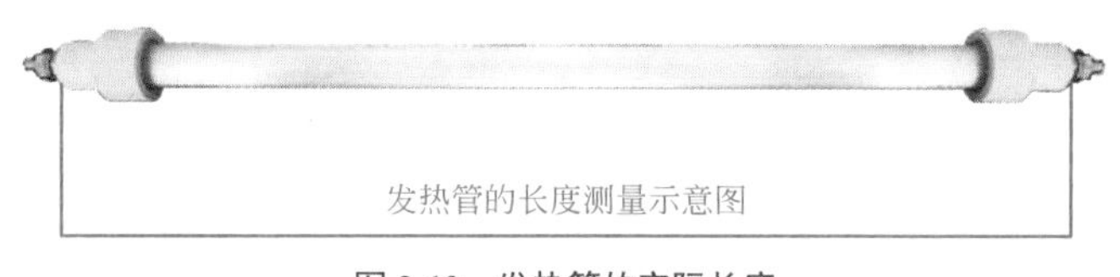


图 2-13　发热管的实际长度

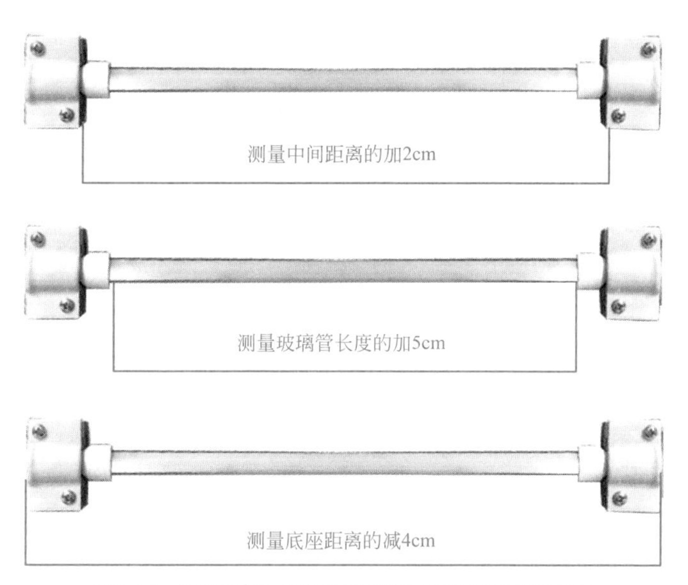


图 2-14　测光波管其他部位的长度则要增减相应的长度

检测发热管时，只要检测发热管两端接线柱之间的电阻值（事先断开连线）是否正常即可进行判断，正常情况下，发热管应有几百欧的电阻，如图 2-15 所示。若阻值为无穷大，则说明该发热管已烧坏。

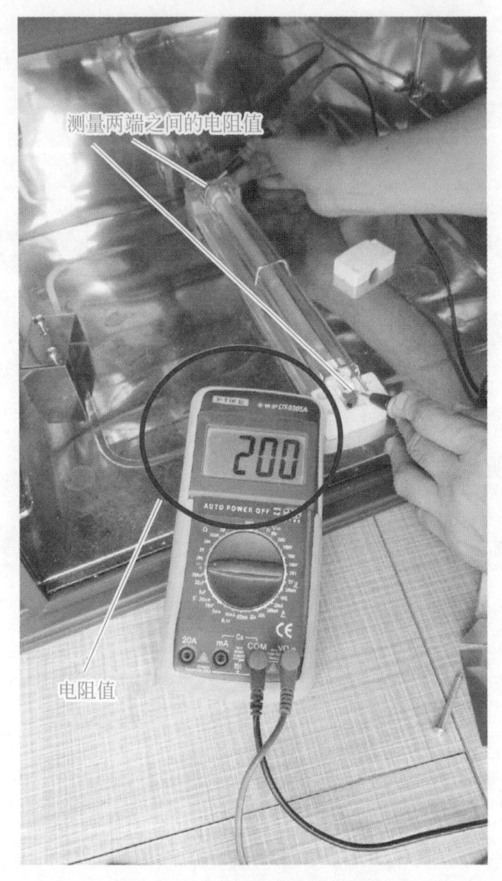


图 2-15 检测发热管的电阻值

## 二、紫外线灯

紫外线灯分为无臭氧（图 2-16）和有臭氧（图 2-17）两种。有臭氧的紫外线灯同时产生 184.9nm 和 253.7nm 两种紫外线光谱，前者照射空气产生臭氧，后者照射空气后可进行杀菌消毒；无臭氧紫外线灯其实也产生两种光谱，只是通过灯管外层的玻璃涂层将 184.9nm 波段的紫外线给滤掉了，从而避免了产生臭氧，只产生紫外线。有臭氧紫外线灯和无臭氧紫外线灯可从其型号上加以区分，如果型号后面最后一个字母为 W，则表示无臭氧（“无”字拼音的第一个字母），如果型号后面最后一个字母为 Y，则表示有臭氧（“有”字拼音的第一个字母）。如 ZW30S19W 表示管径为 19mm、功率为 30W 的无臭氧紫外线灯，ZW8D17Y 表示管径为 17mm 的 8W 有臭氧紫外线灯。

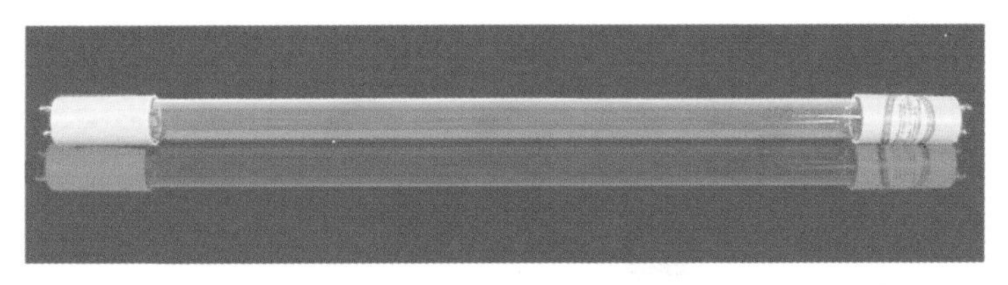

图 2-16　无臭氧紫外线灯

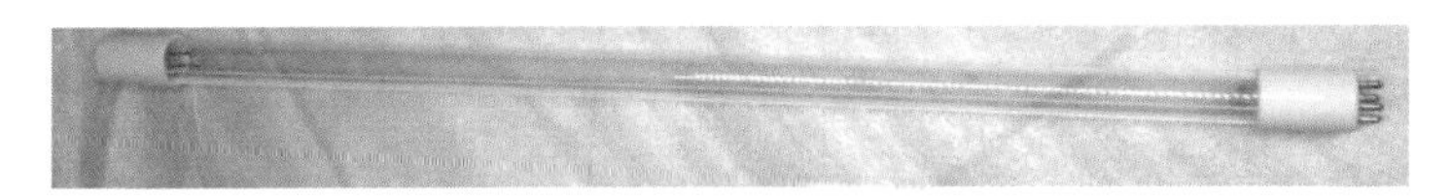

图 2-17　有臭氧紫外线灯

无臭氧紫外线杀菌灯只能对紫外线照射的地方进行消毒，被遮挡物挡住的地方则不能消毒，如图 2-18 所示；而有臭氧的紫外线灯则具有紫外线 + 臭氧双重消毒功能，被遮挡的地方也能进行臭氧消毒，没有死角，如图 2-19 所示。

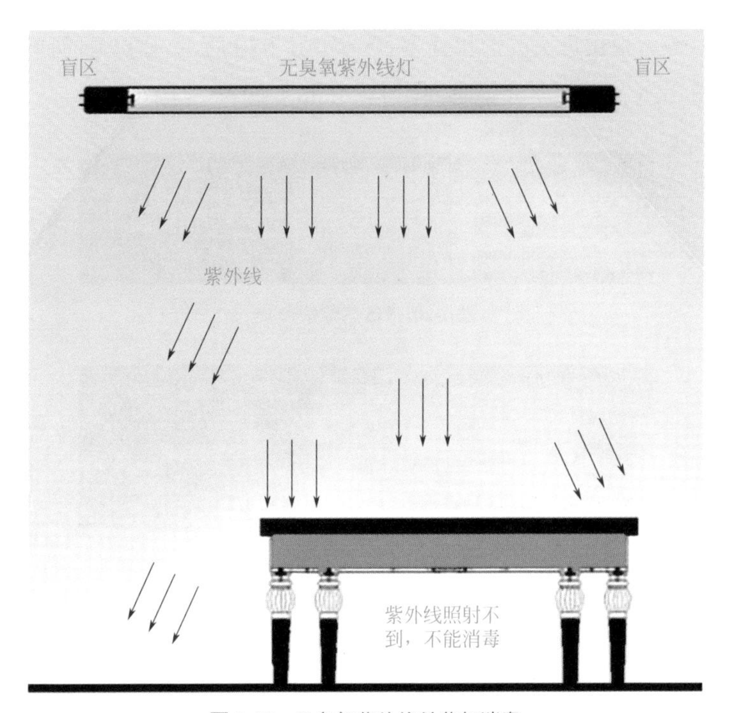


图 2-18　无臭氧紫外线杀菌灯消毒

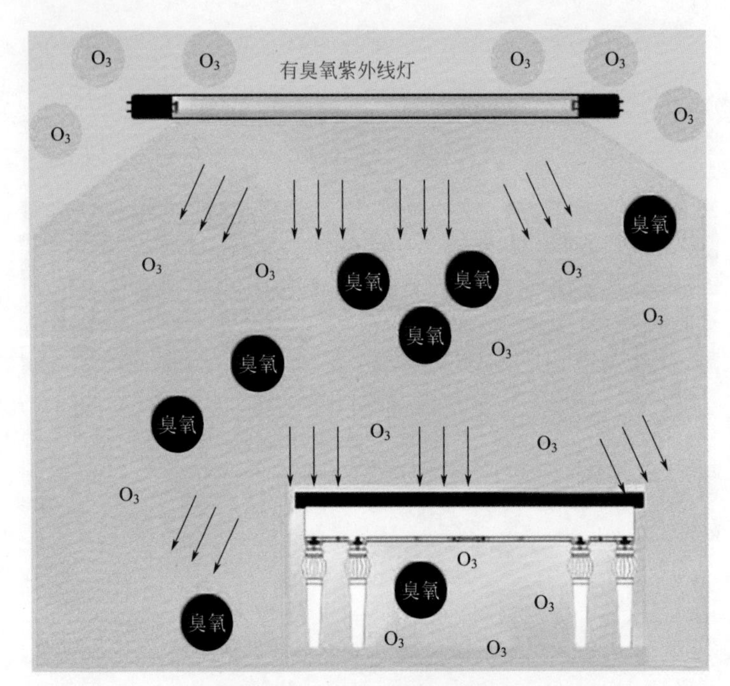


图 2-19　有臭氧紫外线灯消毒

紫外线灯根据灯管的不同分为T5（管径为15mm）、T6（管径为19mm）、T8（管径为25mm）等；根据灯头的形状分为G5（如图2-20所示，灯头插脚间距为5mm）和G13（如图2-21所示，灯头插脚间距为13mm）两种。

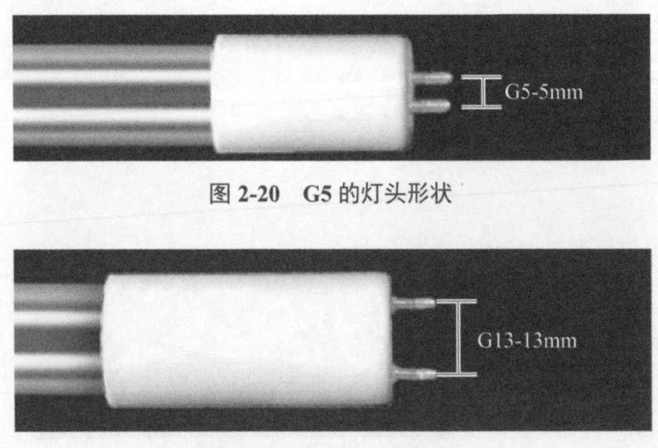


图 2-20　G5 的灯头形状

图 2-21　G13 的灯头形状

紫外线杀菌灯的杀菌效果有没有达标，需要用杀菌灯的辐照强度来衡量。根据国家规定：30W的直型紫外线灯管的辐照强度需要达到70μW/cm²，其杀菌效果才合格，达到100μW/cm²以上则更好。目前检测紫外线杀菌灯辐照强度的方法主要有两种：一种是使用紫外线试纸进行检测，另一种就是使用紫外线强度检测仪进行检测。

使用紫外线试纸进行检测时，它是通过紫外线灯照射试纸，试纸会发生变色，试纸颜色的深浅即对应相应的紫外线辐照强度。而紫外线强度检测仪则可以显示紫外线辐照的精准数据，比试纸法更为方便、快捷、准确。

检测紫外线消毒灯是否正常，则采用万用表进行检测，检测紫外线灯每一端两插脚之间的电阻值是否正常，如图 2-22 所示。有较小的阻值，说明紫外线灯是正常的；若电阻为无穷大，则说明紫外线灯已开路损坏。

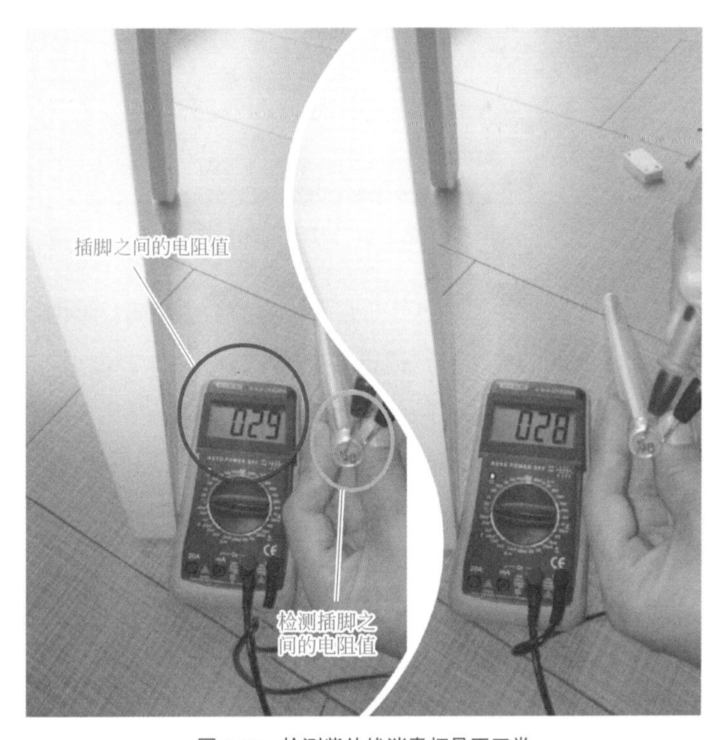


图 2-22　检测紫外线消毒灯是否正常

## 三、臭氧发生器

臭氧发生器是用于制取臭氧气体的装置，主要有三种：高压放电式、紫外线照射式和电解式。目前在消毒柜中多采用紫外线照射式（图 2-23）和高压放电式臭氧发生器（图 2-24），后者是使用一定频率的高压电流制造高压电晕电场，使电场内或电场周围的氧分子发生电化学反应，从而制造出臭氧。

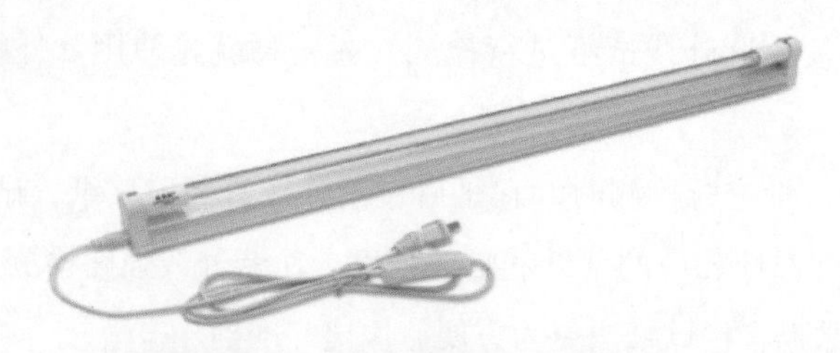

图 2-23 紫外线照射式臭氧发生器

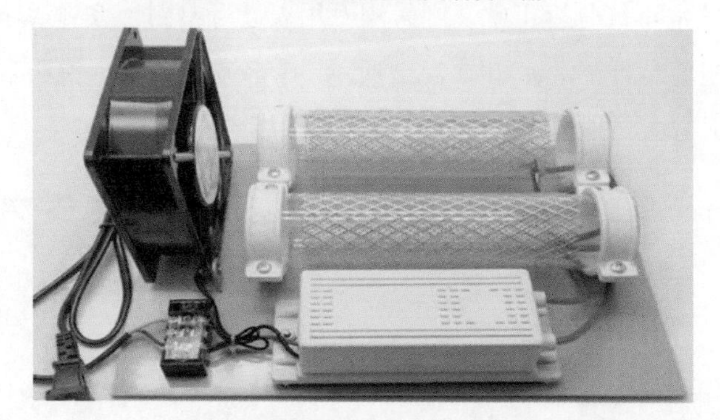

图 2-24 高压放电式臭氧发生器

检测紫外线照射式臭氧发生器跟检测紫外线管的方法相同，不再重复叙述。检测高压放电式臭氧发生器的方法是：拆机加电观察高压放电部位是否有放电紫光，如图 2-25 所示，若没有，则说明高压可能不正常，重点检测高压变压器、整流滤波电路是否正常；若有紫光，则说明高压已在放电，臭氧发生器正常。

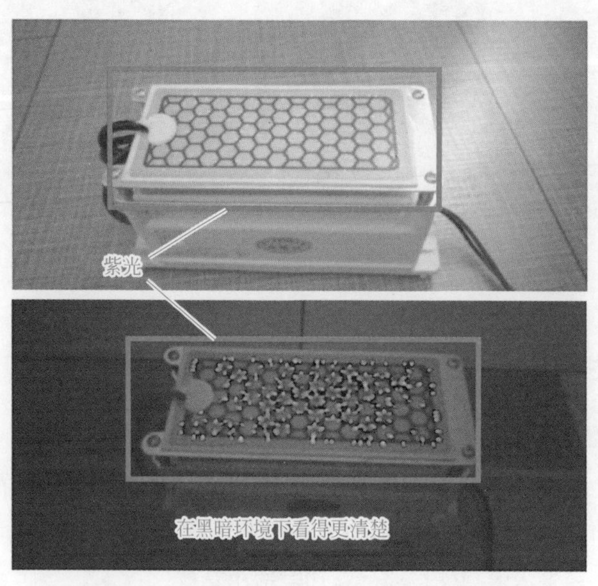


图 2-25 加电观察高压放电部位是否有放电紫光

**提示**

检测高压放电式臭氧发生器是否工作最直观的方法就是让发生器工作几分钟，用鼻子能直接嗅到臭氧发生器产生臭氧而发出的一种“臭味”，则说明该臭氧发生器已正常工作。

## 四、温度传感器

消毒柜中采用温度传感器来检测消毒柜的温度。因消毒柜内有水蒸气，所以温度传感器多采用防湿防水的玻璃封装热敏电阻。如图 2-26 所示。

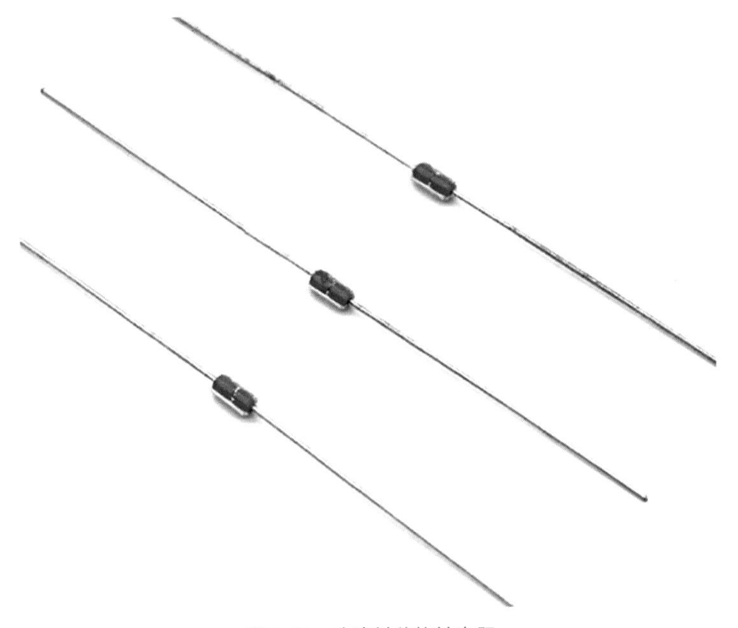

图 2-26　玻璃封装热敏电阻

温度传感器可用万用表进行检测，方法是：用电烙铁靠近温度传感器给温度传感器加热，观察万用表的指针是否有偏转，若加到温度临界点时有偏转，则说明该温度传感器基本正常；若不偏转，则说明该温度传感器存在故障。如图 2-27 所示。

## 五、过温熔断器

过温熔断器又称热熔断体、温度保险丝、温控熔断器、限温熔断器、限温过热保护器等，如图 2-28 所示。不同的过温熔断器，其熔断温度不同，熔断温度是根据电器的极限温度要求来选定的。二星消毒柜一般选用 135℃的金属壳温度熔断器，一星消毒柜一般选用 110℃的金属壳温度熔断器。

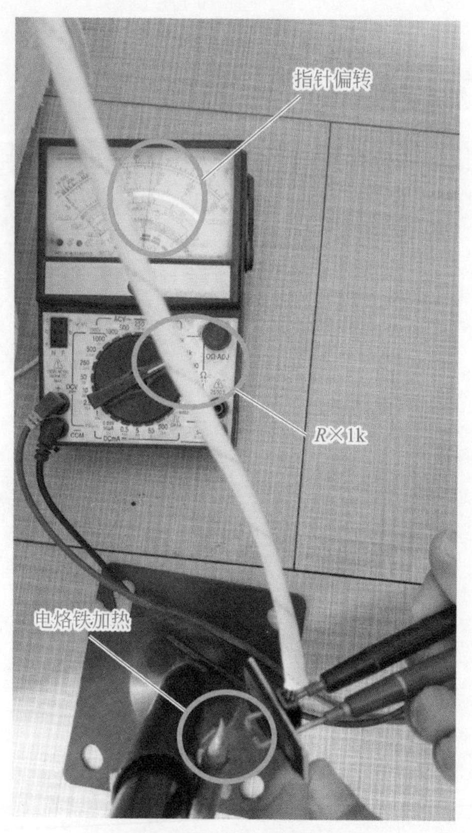


图 2-27　用万用表检测温度传感器

当电气产品的温度出现异常情况时，其环境温度上升至过温熔断器的额定动作温度（$T_f$ 或 $T_F$）时，过温熔断器会自动断开电路。过温熔断器在电气产品中所处位置的环境温度应低于其保持温度（$T_c$、$T_H$ 或 $T_h$）。

当过温熔断器动作后，由于热惯性的原因，其所处位置的温度会继续上冲。如果上冲至过温熔断器极限温度（$T_m$ 或 $T_M$），会破坏其应有的保护功能，有可能会重新导通。当过温熔断器损坏时，由于其为一次性使用不允许修复再使用的过热保护元件，当需要更换时，必须选用相同规格的过温熔断器，采用相同的连接方式并安装在原来的位置上。

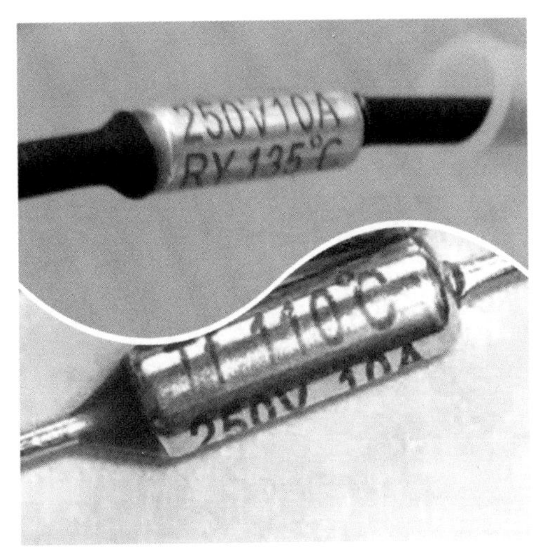

图 2-28　过温熔断器

提示

过温熔断器不适用于液体介质和有毒性、危险性气体介质中，注意温度熔丝的适用环境。使用在发热器上串联过温熔断器时，过温熔断器不能直接与发热元件相连接，应在发热元件与过温熔断器之间串联一段不发热的过渡导体。

检测过温熔断器时，只要检测它的通断情况就可以了，用万用表的 $R$×1 挡直接检测过温熔断器的通断，如图 2-29 所示。若是断路状态，则说明过温熔断器已烧坏，直接更换过温熔断器。

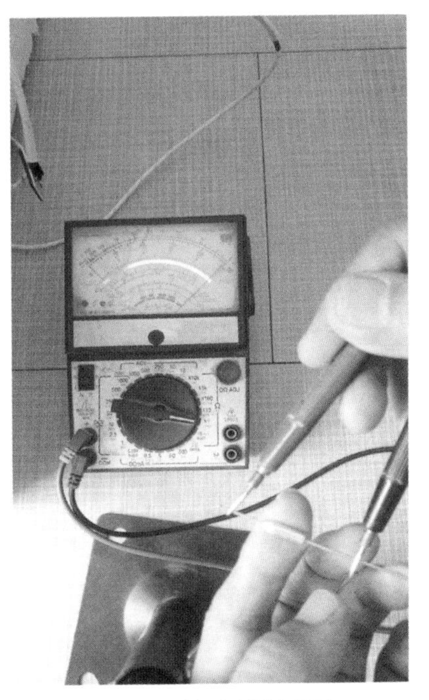
图 2-29　检测过温熔断器

## 六、继电器

继电器在消毒柜中采用得较多，分别用来控制加热管、紫外线管和臭氧发生器等部件的工作状态，在消毒柜中一般采用 12V 直流电控制 220V 交流电的继电器，其有四脚和五脚之分，四脚又分为常开型和常闭型两种，五脚为转换型，即可从一条线路转换到另一条线路。如图 2-30 所示。

消毒柜大多采用多个四脚继电器对部件进行控制。图 2-31 所示为消毒柜主板上采用多个继电器实物。

图 2-30　四脚和五脚继电器

图 2-31　消毒柜主板上采用多个继电器实物

检测继电器时主要检测继电器的线圈是否断路，继电器的触点是否接触良好。

检测时先用万用表检测继电器的线圈引脚电阻是否正常，若电阻正常，则说明继电器内部的线圈是正常的；若测得电阻为无穷大，则说明继电器内部的线圈开路，继电器已损坏，如图 2-32 所示。

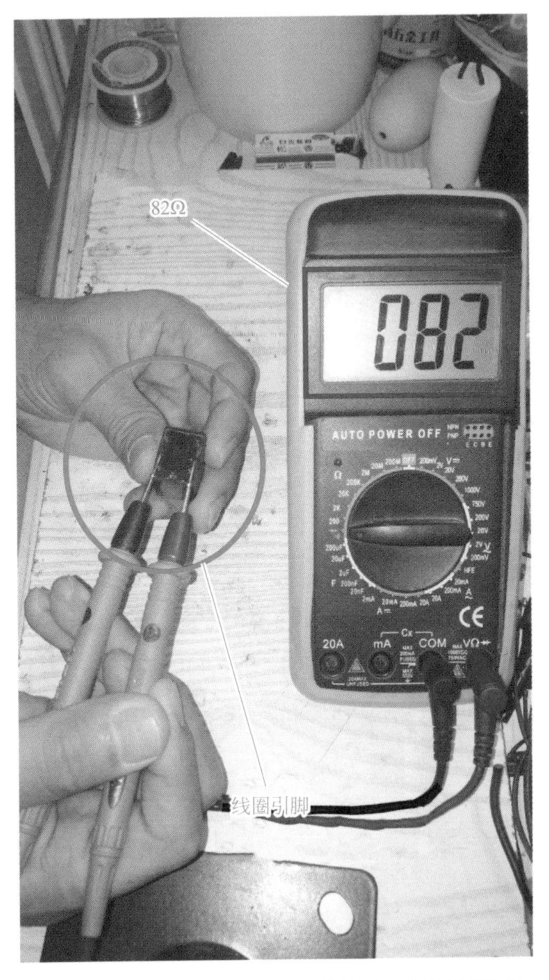


图 2-32 用万用表检测继电器的线圈引脚电阻是否正常

检测继电器常开或常闭触点是否接触良好的方法是用万用表检测触点引脚之间的接触电阻是否过大。若触点引脚之间的电阻过大，则说明继电器的触点可能存在接触不良故障，不能使用；若触点引脚之间的电阻正常，则说明该继电器触点正常，如图 2-33 所示。

在路检测继电器

图 2-33 用万用表检测触点引脚之间的接触电阻是否正常

## 七、门控开关

消毒柜的门控开关是用来控制门或抽屉开关状态的，当门控开关处于常开或常闭状态时，主板控制加热或消毒电路断开。不管用户操作了开启按键与否，只要门控开关处于常开或常闭状态，消毒执行机构就会断开执行机构。消毒柜的门控开关分为常开门控开关和常闭（常通）门控开关，门控开关因消毒柜不同，其结构和外形各不相同，如图 2-34 所示。

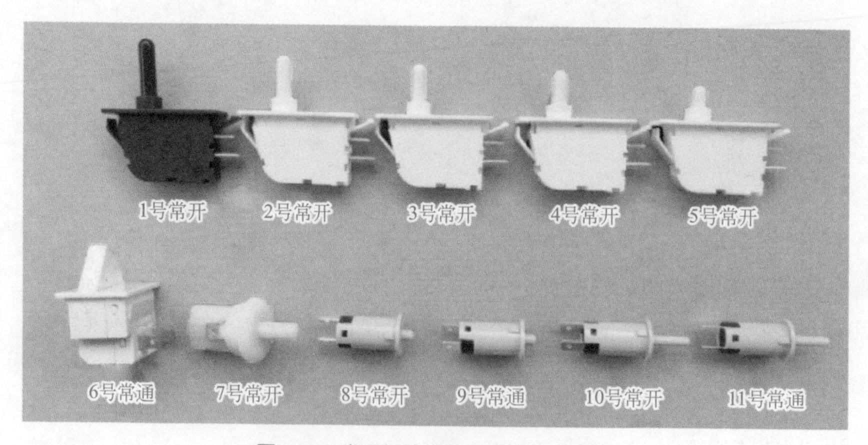


图 2-34 常开门控开关和常闭门控开关

检测门控开关可采用万用表的通断挡进行检测。将万用表打到通断挡，用红黑表笔分别接到门控开关的两个插脚上，按动门控开关的按钮，若指针出现大幅偏转，则说明门控开关是正常的；若指针偏转不稳定或者幅度不大，则说明门控开关接触不良；若指针不偏转，则说明门控开关已经损坏。检测方法如图 2-35 所示。

检测门控开关

图 2-35　检测门控开关

提示

更换门控开关时除形状要对应外，还要注意所更换的门控开关是常开还是常闭，千万不能弄错。

## 八、智能锁

消毒柜智能锁又称消毒柜电磁锁，它是用来自动锁住消毒柜的门或抽屉，以防止消毒柜在工作时用户开启消毒柜的门或抽屉。当消毒柜开始工作时，主板控制消毒柜电磁锁的电磁铁吸合，电磁铁带动锁扣扣住消毒柜的门或抽屉，以防止消毒柜的门或抽屉被打开。图 2-36 所示为常见消毒柜的智能锁实物图。

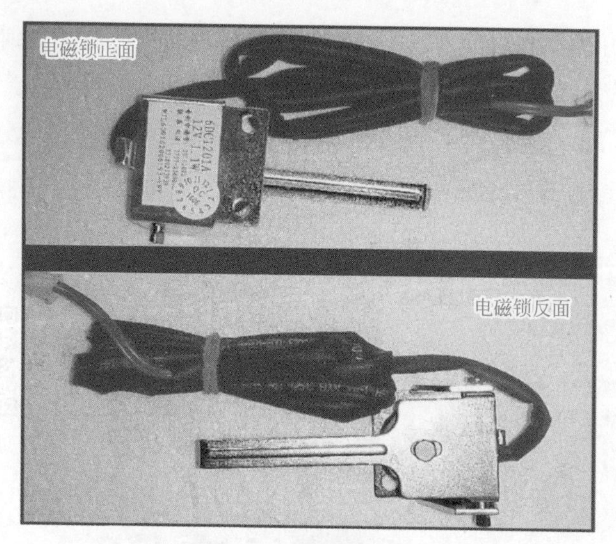


图 2-36 消毒柜智能锁

检测消毒柜智能锁主要检测其电磁线圈是否正常，检测方法是用万用表的电阻挡测量电磁线圈的电阻值，若电阻值为几十到几百欧，说明电磁线圈正常，智能锁基本正常，除非有机械卡阻，机械卡阻现象可直观看到，不用检测；若电阻值为无穷大，则说明线圈开路，智能锁已损坏；若线圈与外壳之间存在漏电现象，该智能锁也不能使用，应更换新锁。如图 2-37 所示。

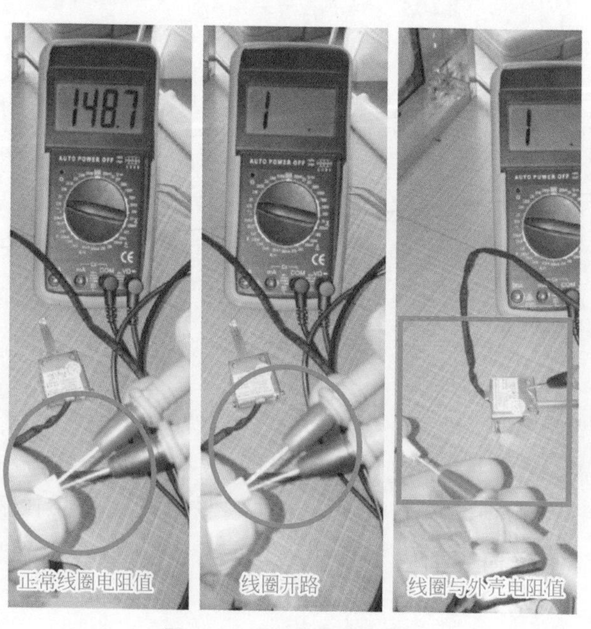


图 2-37 检测消毒柜智能锁

## 九、电子镇流器

电子镇流器有两种，一种是电感式镇流器，还有一种是高频交流电子镇流器。在消毒柜中大多采用高频交流电子镇流器，如图 2-38 所示。它是用来限制紫外线灯启动电流，稳定紫外线灯工作电流，保证紫外线灯工作寿命的一种器件。它其实是一个独立的电子电路器件，其工作原理是将 220V 的交流市电整流为 300V 左右的直流电，再通过两个 13003 或 13005 三极振荡管（图 2-39）与高频变压器组成的逆变电路产生电流电压可控的高频交流电，图 2-40 所示为电子镇流器内部电路实物图。输出的交流电送到紫外线灯，使紫外线灯发光。

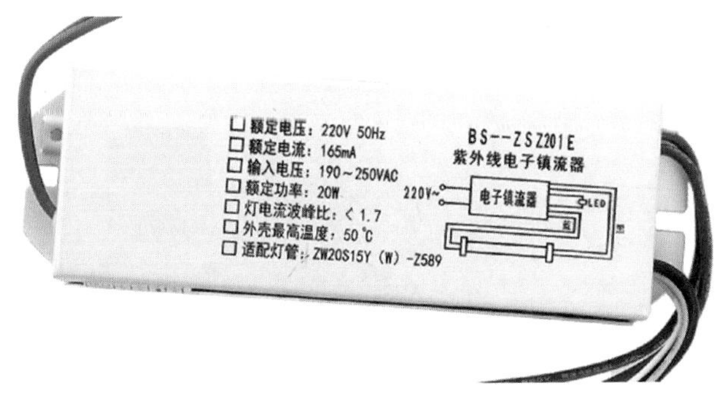


图 2-38　电子镇流器

图 2-39　13003 振荡管

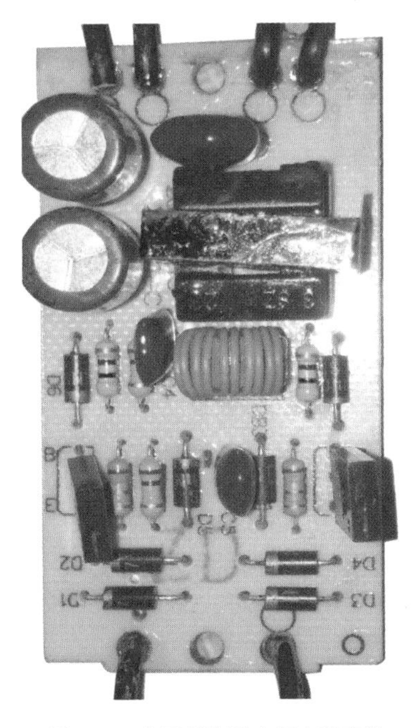

图 2-40　电子镇流器内部电路实物

检测电子镇流器有直观的方法和标准。按国际标准，电子镇流器点亮灯管 1s 达到 20%亮度，4s 内达到 80%以上亮度，就说明该电子镇流器良好；而点亮瞬间就达到 80%亮度的或者 4s 达不到标准亮度的镇流器，就说明该电子镇流器质量较差；如果一直点不亮或很长时间才能点亮，则说明该电子镇流器已损坏，不能使用。

另外，电子镇流器输入端的电阻一般为几十兆欧，如图 2-41 所示。若输入端的电阻是开路或短路，则说明电子镇流器已经损坏，用万用表一测就能判断。

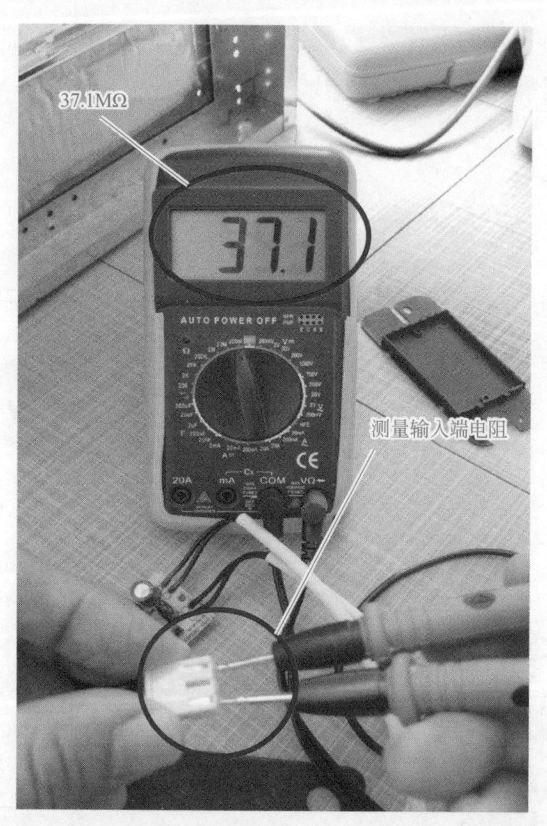


图 2-41　测量镇流器输入端电阻值

实际检修中发现，电子镇流器的易损坏元件主要是两个振荡管和谐振电容。拆开电子镇流器检测两个振荡管和谐振电容是否正常，基本上可以判断该电子镇流器是否存在故障。

# 第三章

# 消毒柜维修工具

## 第一节 通用工具

消毒柜的通用工具主要有：螺丝刀（也叫螺钉旋具，如图3-1所示十字和一字磁性螺丝刀，选用3～5mm的较为合适，也可选用电动螺丝刀，如图3-2所示，电动螺丝刀更省力更快捷）、内六角扳手（如图3-3所示，选用3～8mm的磁性长批头内六角扳手较为合适）、镊子（需尖头、弯头和平头三种，选用100mm的小型镊子较为合适，如图3-4所示）、裁纸刀（图3-5）、什锦锉（图3-6）等。不管哪种螺丝刀，选用时应先用高吻合度的螺丝刀（图3-7），否则容易出现滑丝现象。

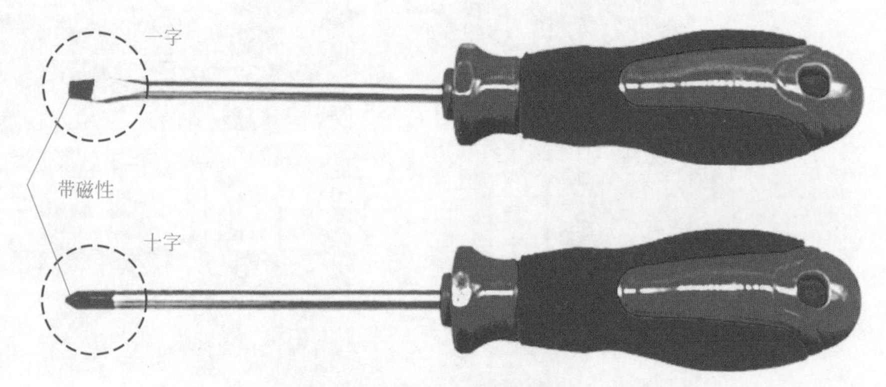


图3-1 十字和一字磁性螺丝刀

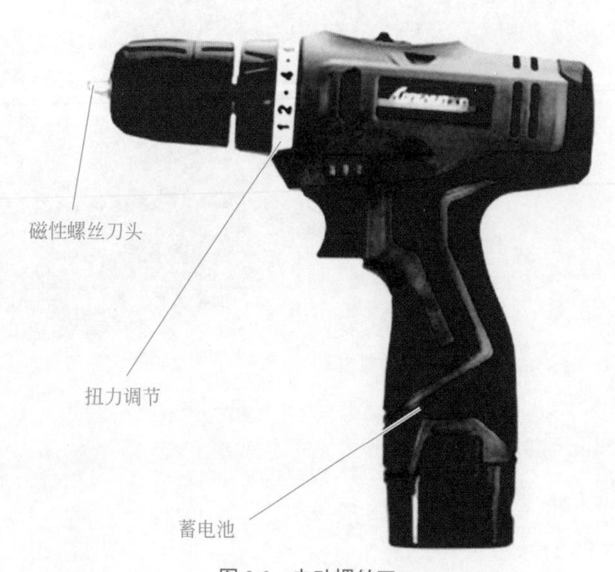


图3-2 电动螺丝刀

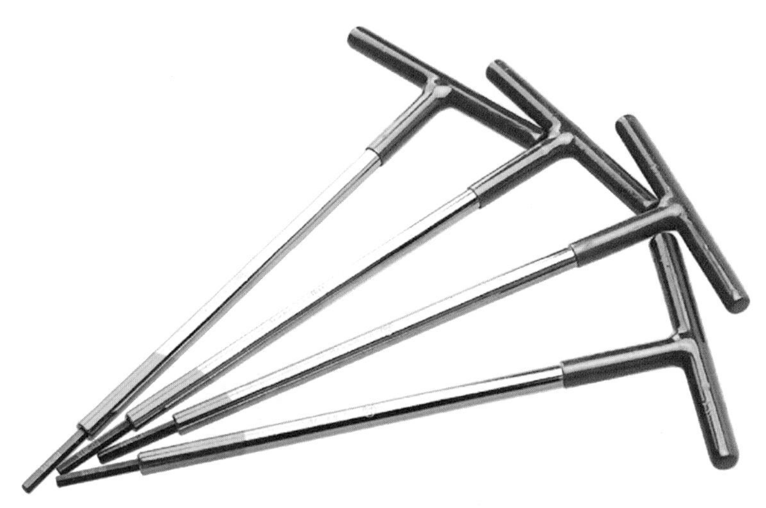

图 3-3　3 ～ 8mm 的磁性长批头内六角扳手

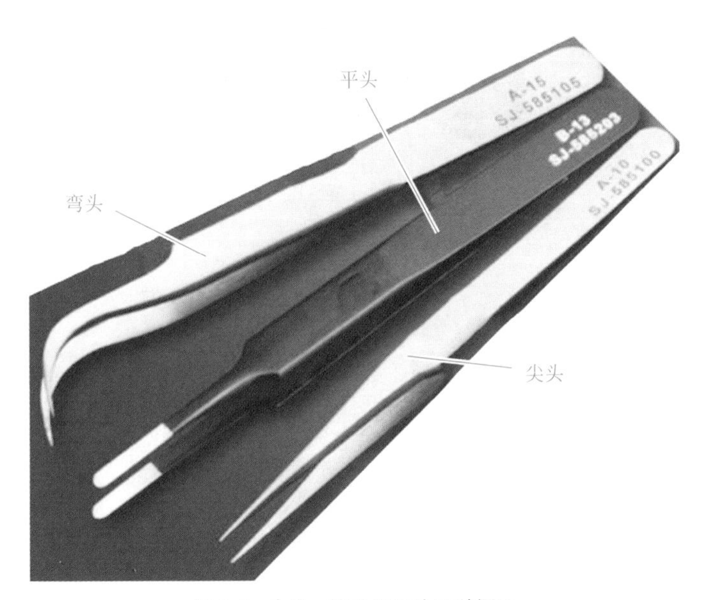


图 3-4　尖头、弯头和平头三种镊子

**提示**

螺丝刀的头部型号有一字、十字、米字、T 形（梅花形）和 H 形（六角）等，消毒柜维保中大多采用一字和十字螺丝刀。十字螺丝刀的刀头大小又分为 PH0、PH1、PH2、PH3、PH4（也有用 No 或 # 表示的，含义是一样的，PH2 就是 No.2 或 2#）。PH（No 或 #）所带的数字越大，其刀头越大越钝，PH0 一般适用 M1.6 ～ 2 的螺钉，PH1 一般适用 M2 ～ 3 的螺钉，PH2 一般适用 M3.5 ～ 5 的螺钉，消毒柜维保工作中大多选用 PH1 和 PH2 刀头的螺丝刀。

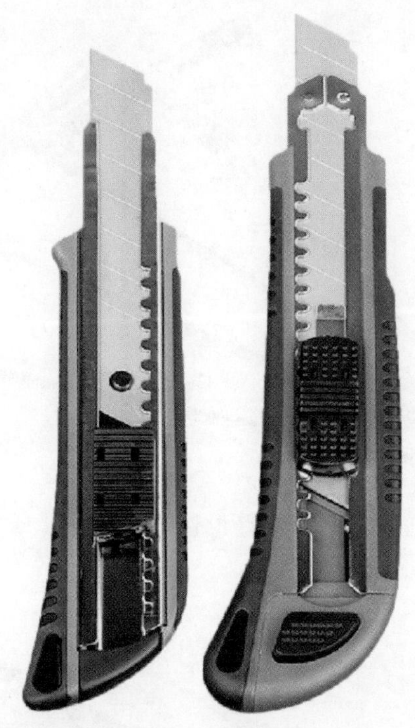

图 3-5 裁纸刀

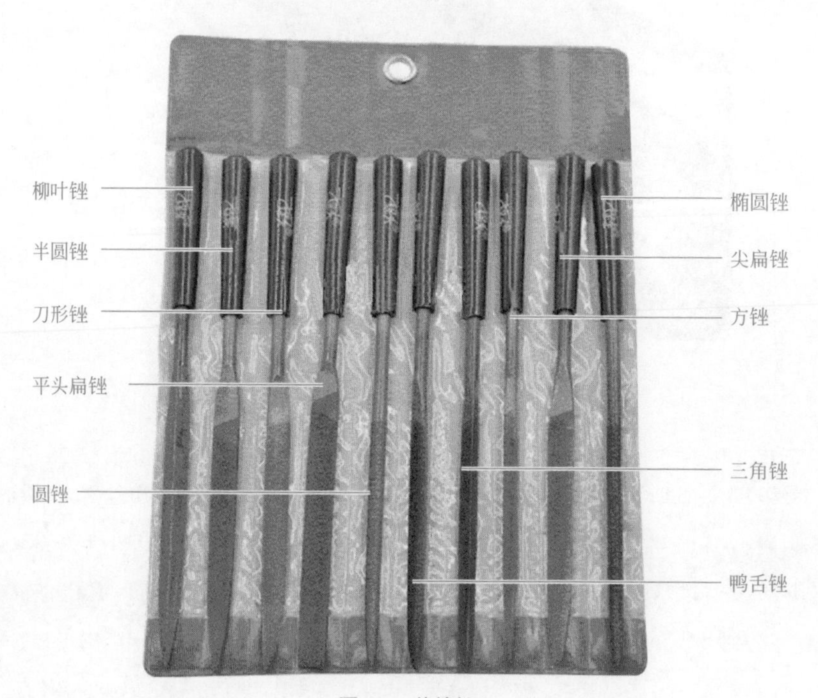


图 3-6 什锦锉

图 3-7 螺丝刀的吻合度

## 第二节 专用工具

### 一、冷压端子钳

冷压端子钳（又称压线钳）在消毒柜维修中经常使用，特别在换板维修中改接插器的操作中用得较多。压线钳的种类有很多，在消毒柜维修中使用最多的是带 2.8、4.8、6.3（如图 3-8 所示的插簧）钳口的插簧压线钳 SN-48B，如图 3-9 所示。

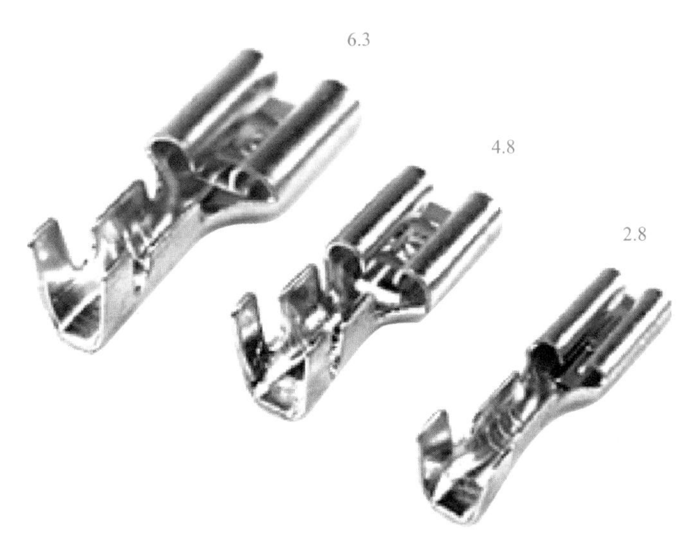


图 3-8 2.8、4.8、6.3 的插簧

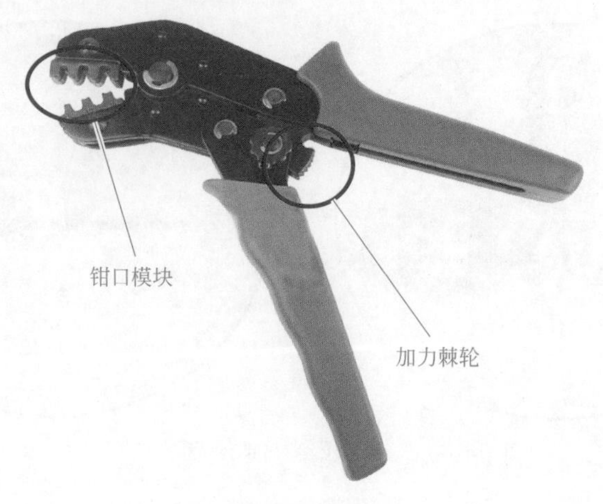


图 3-9 压线钳

动画扫一扫

自制冷压端子连线

操作压线钳时，先将需要打的冷压端子放入压线钳相应大小的钳口，预按压一下，只要端子有点卡紧就停止；再将电线端子剥去约 7mm 长的绝缘皮后插入已放入钳口的端子接线口内（插簧和公母套事先购买好，都是成套购买的，如图 3-10 所示，有的通用板还会用到圆柱形插簧，如图 3-11 所示）；用力压下压线钳，直到钳口闭合，再用力摁一下，钳口自动弹开，取出已压接好的插簧端子即可。

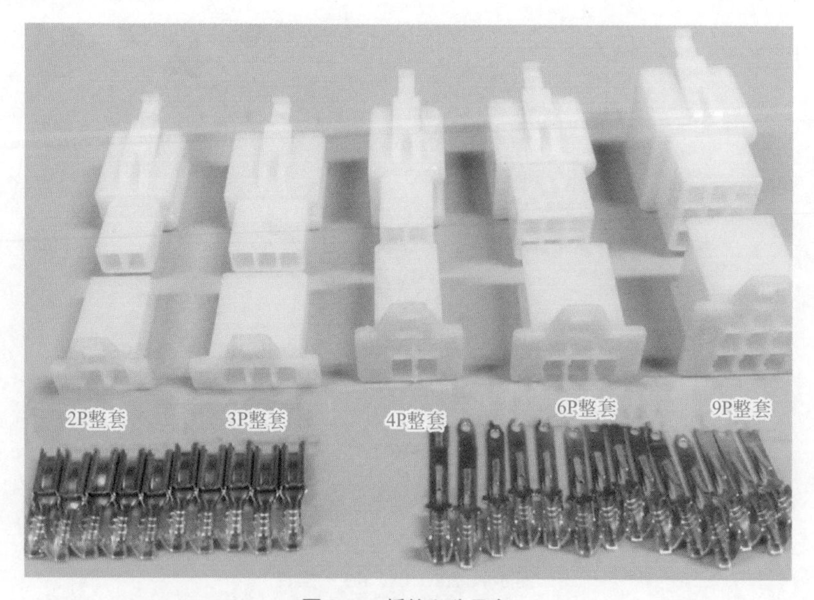


图 3-10 插簧和公母套

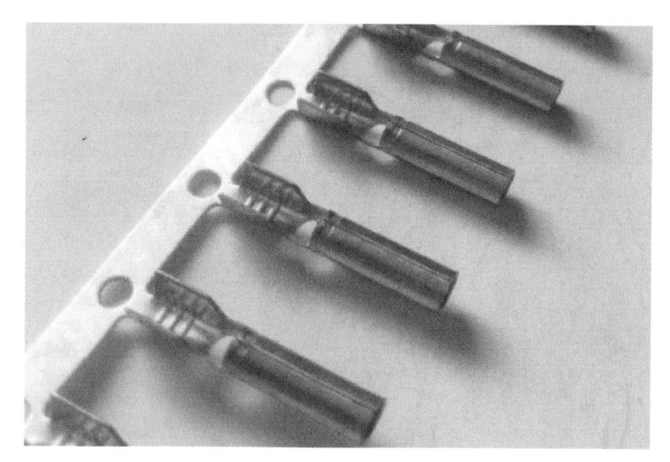

图 3-11　圆柱形插簧

## 二、电烙铁

电烙铁最好选用尖头 60W 的调温防静电的电烙铁（图 3-12），该类电烙铁可配合万向夹使用。配可调温焊台（图 3-13）可用来焊接元器件和连线。与焊台可配套的还有一种新式的镊子式烙铁（图 3-14），该电烙铁采用双管加热，对周边元器件无影响，加热后可直接拆下电阻、电容等微小的贴片元器件，比普通电烙铁和拆焊台更方便快捷。

热风拆焊台如图 3-15 所示，其主要用来拆焊贴片集成电路。

检修消毒柜需配备一台万用表（数字式或指针式均可，如图 3-16 所示）。表笔除普通表笔外，还要配备一支夹持式表笔，以便检测主板上的贴片元器件。

图 3-12　电烙铁

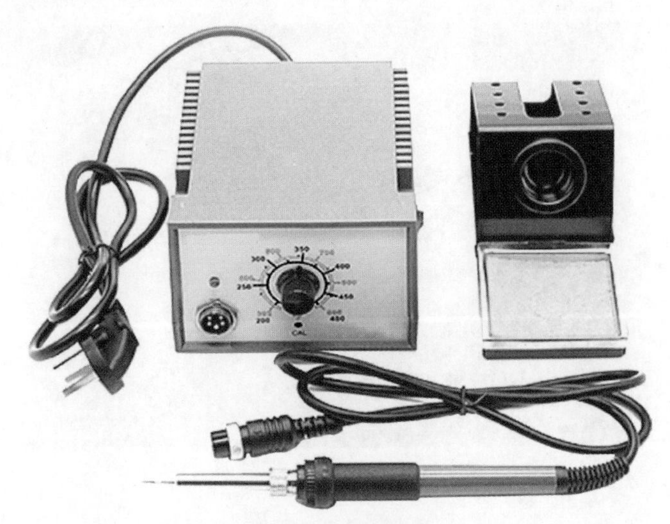

图 3-13　可调温焊台

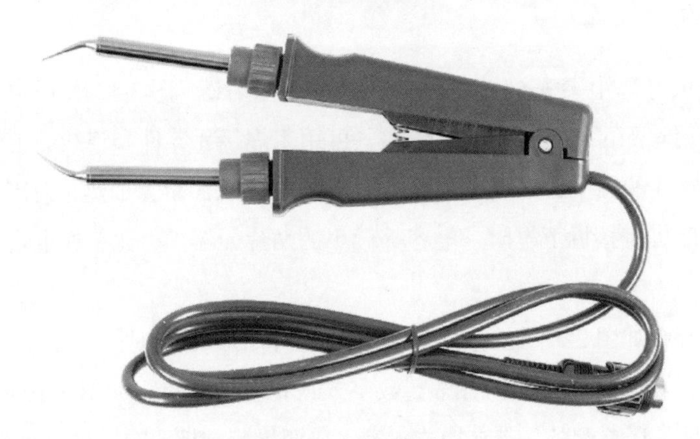

图 3-14　镊子式烙铁

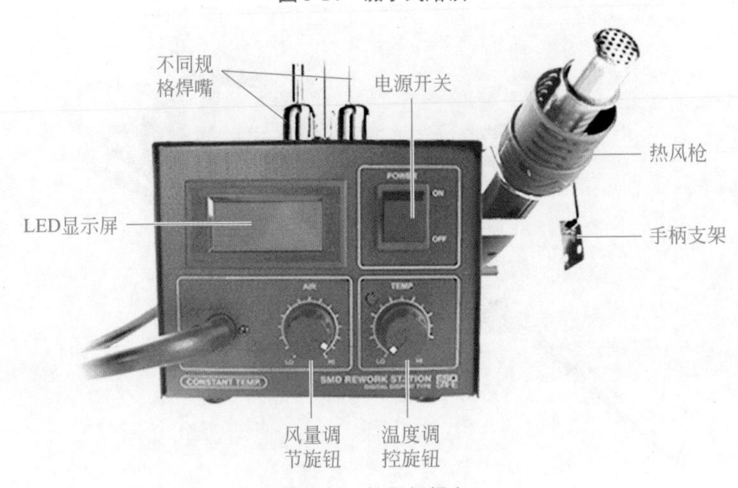


图 3-15　热风拆焊台

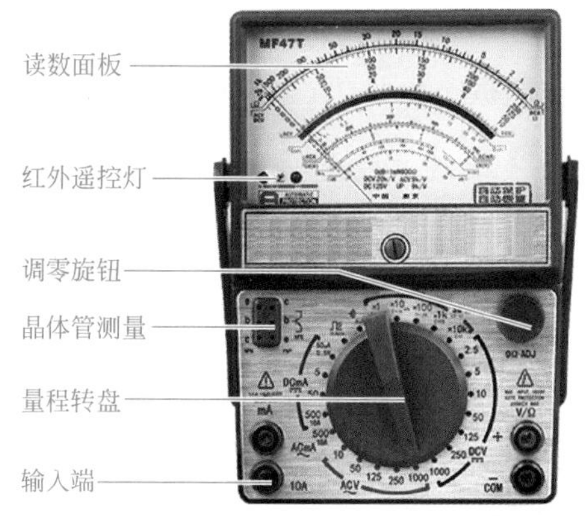


指针式万用表

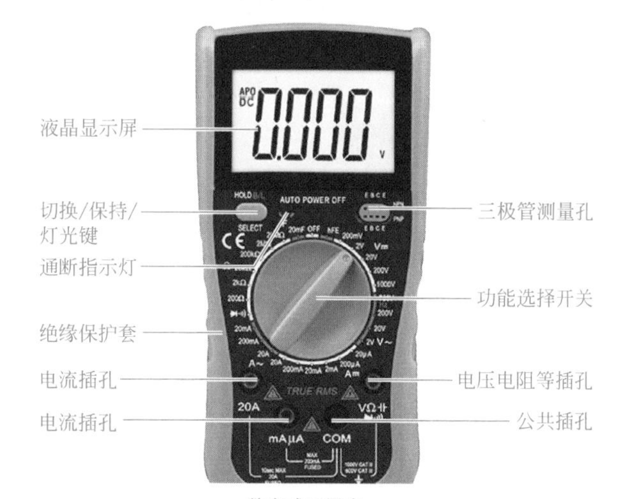


数字式万用表

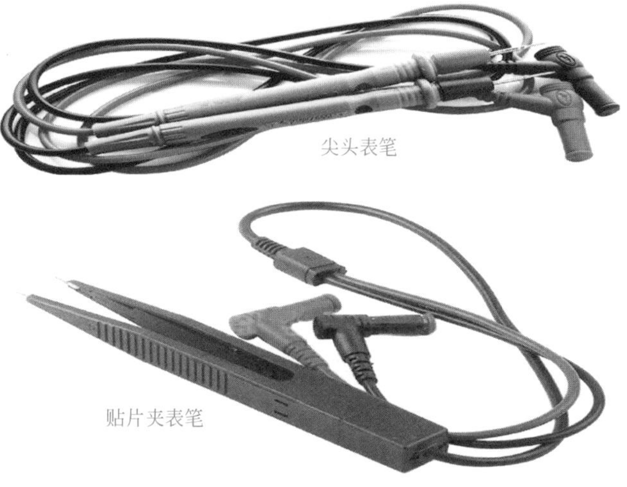


图 3-16　万用表

带灯放大万向夹用来稳固夹持消毒柜的主板进行检测和焊接，如图 3-17 所示，其上的带灯放大镜用来观察电路板上细小的元器件和铜箔走线。

图 3-17 带灯放大万向夹

## 三、万用表

万用表一般分指针式和数字式两种类型，是消毒柜线路检修的必备工具。维修消毒柜建议购买数字万用表。

常见的数字万用表品牌型号有福禄克 Fluke17B+、胜利仪器 VC97、优利德 UT39A、宝工 MT-1232 及华仪 MY68 等。福禄克 Fluke17B+ 万用表性能和质量好，测量误差小，但价格昂贵；胜利仪器 VC97、优利德 UT39A 性价比高，维修消毒柜线路一般能完全胜任。

目前市面上的数字万用表均附带温度测试棒、电晶体和电容测试座等，且新式的数字万用表均具有自动换挡、自动关机、短路蜂鸣及资料保存等多种功能。

图 3-18 所示是胜利仪器 VC97 型数字万用表外部结构及面板功能。

胜利仪器 VC97 型数字万用表面板功能说明如下（其他品牌型号的数字万用表结构功能基本类似）。

① “SELECT Hz/DUTY”键：交直流电流电压 DC/AC，选择测量直流电流时，按此功能，可转换为交流电流，测量频率时转换为频率占空比（1% ～ 99%）。

② “RANGE”键：选择自动量程或手动量程工作方式，仪表起始为自动量程状态显示“AUTO”符号，按此功能转为手动量程，按一次增加一挡，由低到高依次循环。持续按下此键长于 2s，回到自动量程状态。

③ “REL”键：电压、电流、电容挡按下此功能，读数清零，进入相对值测量，显示器出现“REL”符号，再按一次退出相对值测量。

④ “HOLD”键：按此功能，仪表当前所测量数值保持在液晶显示器上，显示器出现“HOLD”符号，再按一次，退出保持状态；按此功能键 2s 打开背光。

⑤ 旋钮开关：用于改变测量功能及量程。可选择测试直流电压 / 电流、交流电压 / 电流、电阻、频率、电容、温度、二极管。

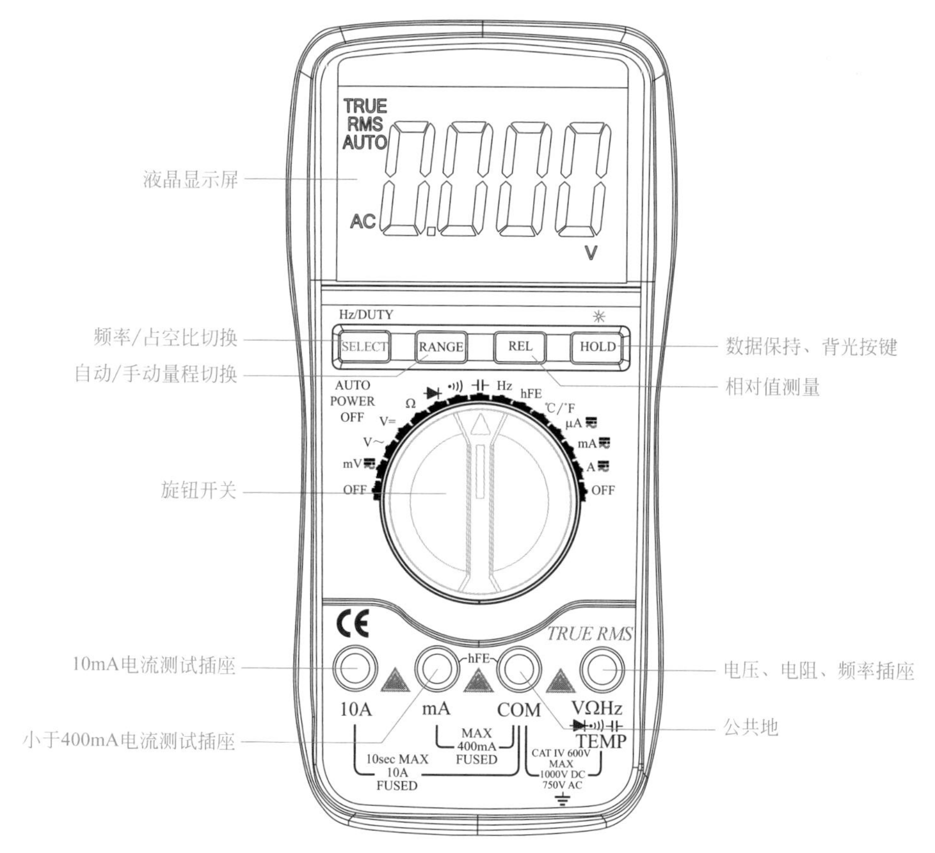


图 3-18　VC97 型数字万用表结构功能

目前市面的数字万用表普遍可用来测量直流电压和交流电压、直流电流和交流电流、电阻、电容、二极管、三极管、通断测试、温度及频率等参数。下面继续以胜利仪器 VC97 型万用表为例介绍数字万用表的操作方法。

（1）直流电压测量方法及注意事项

① 将黑表笔输入“COM”插孔，红表笔插入“VΩHz”插孔。

② 将功能开关转至“V⎓”挡。

③ 仪表起始为自动量程状态，显示“AUTO”符号，按“RANGE”键转为手动量程方式，或选400mV、4V、40V、400V、1000V量程。

④ 将测试表笔接触测试点，红表笔所接的该点电压与极性显示在屏幕。

⑤ 手动量程方式如LCD显示“OL”，表明已超过量程范围，需将“RANGE”键转至高一挡。

⑥ 测量电压切勿超过直流1000V，否则会对仪表电路造成损坏。

⑦ 当测量高压电路时，千万注意避免触及高压电路。

（2）直流电流测量方法及注意事项

① 将黑表笔插入“COM”插孔，红表笔插入“mA”（最大为400mA）或“10A”（最大为10A）插孔中。

② 将功能开关转至电流挡，按动“SELECT”键，选择DC测量方式，然后将仪表的表笔串入被测电路中，被测电流值及红色表笔的电流极性将同时显示在屏幕上。

③ 在不清楚被测电路中的大概电流值时，应将量程开关转到最高的挡位，再根据显示值转至相应的挡位上。

④ 如LCD显示“OL”，表明已超过量程范围，需将量程开关转至高一挡。

⑤ 最大输入电流为400mA或者10A（视红表笔插入位置而定），不能测量超过额定值的电流，否则会熔断保险丝，甚至损坏仪表。

⑥ 在“COM”与“mA”或“A”端禁止输入高于36V直流或25V交流峰值电压。

（3）交流电流真有效值测量方法及注意事项

① 将黑表笔插入“COM”插孔，红表笔接入“mA”（最大为400mA）或“10A”（最大为10A）插孔中。

② 将功能开关转至电流挡，按动“SELECT”键选择AC测量方式，然后将仪表测试表笔串入被测电路中，被测电流值显示在屏幕上。

③ 在不清楚被测电路中的大概电流值时，应将量程开关转到最高的挡位，然后根据显示值转到相应的挡位上。

④ 如果LCD显示“OL”，表明已超过量程范围，需将量程开关转至高一挡。

⑤ 最大输入电流为400mA或者10A（视红表笔插入位置而定），不能测量超过额定值的电流，否则会熔断熔丝，甚至损坏仪表。

⑥ 在“COM”与“mA”或“A”端禁止输入高于36V直流或25V交流峰值电压。

（4）电阻测量方法及注意事项

① 将黑表笔输入“COM”插孔，红表笔插入“VΩHz”插孔。

② 将功能开关转到“Ω”挡，将两表笔跨接在被测电阻上。

③ 按动“RANGE”键选择自动或手动量程方式。

④ 如果测阻值小的电阻，应选将表笔短路，按“REL”键一次，再测未知电阻，这样才能正确显示电阻的实际阻值。

⑤ 使用手动量程测量方式时，如果事先对被测电阻范围没有概念，应将开关调到最高的挡位。

⑥ 如果LCD显示“OL”，表明已超过量程范围，需调高一挡。当测量电阻超过1MΩ的高电阻时，读数需几秒时间才能稳定属于正常现象。

⑦ 当显示过载情形“OL”时，说明输入端开路。

⑧ 在路测量电阻时，务必先关断被测电路所有电源并对所有电容进行完全放电。

⑨ 严禁在电阻挡输入电压。

（5）电容测量方法及注意事项

① 将功能开关转到“⊣⊢”挡。

② 将黑表笔插入“COM”插孔，红表笔插入“VΩHz”插孔。

③ 如果显示屏显示不是零，按一次“REL”键清零。

④ 将被测电容对应极性插入测试表笔“VΩHz”（注意红表笔极性为“+”），被测电容负端接入“COM”，屏幕显示的为电容容量。

⑤ 每次测试，必须按一次“REL”键清零，才能保证测量准确度。

⑥ 电容挡仅有自动量程工作方式。

⑦ 对被测电容应完全放电，以防止损坏仪表。

（6）频率测量方法及注意事项

① 将表笔或屏蔽电缆接入“COM”“VΩHz输入端。

② 将功能开关转到“30MHz”挡，将表笔或电缆跨接在信号源或被测负载上。

③ 按“SELECT”键转换为频率 / 占空比，显示被测信号的频率或占空比读数。

④ 频率挡仅有自动量程工作方式。

⑤ 输入超过 10V 交流有效值时，可以读数，但可能超差。

⑥ 在噪声环境下，测量小信号时最好使用屏蔽电缆。

⑦ 在测量高电压电路时，千万不要触及高压电路。

⑧ 禁止输入超过 250V 直流或交流峰值的电压值，以免损坏仪表。

（7）三极管 hFE 测量方法及注意事项　测量三极管前，应先确定所测晶体管为 NPN 型还是 PNP 型，然后将功能开关转到 hFE 挡，将发射极、基极、集电极分别插入相应附件测试孔插孔，即可在屏幕中显示出读数。

（8）二极管通断测试方法及注意事项

① 二极管通断测试方法如图 3-19 所示，将黑表笔插入“COM”插孔，红表笔插入“VΩHz”插孔（注意红表笔极性为“+”）。

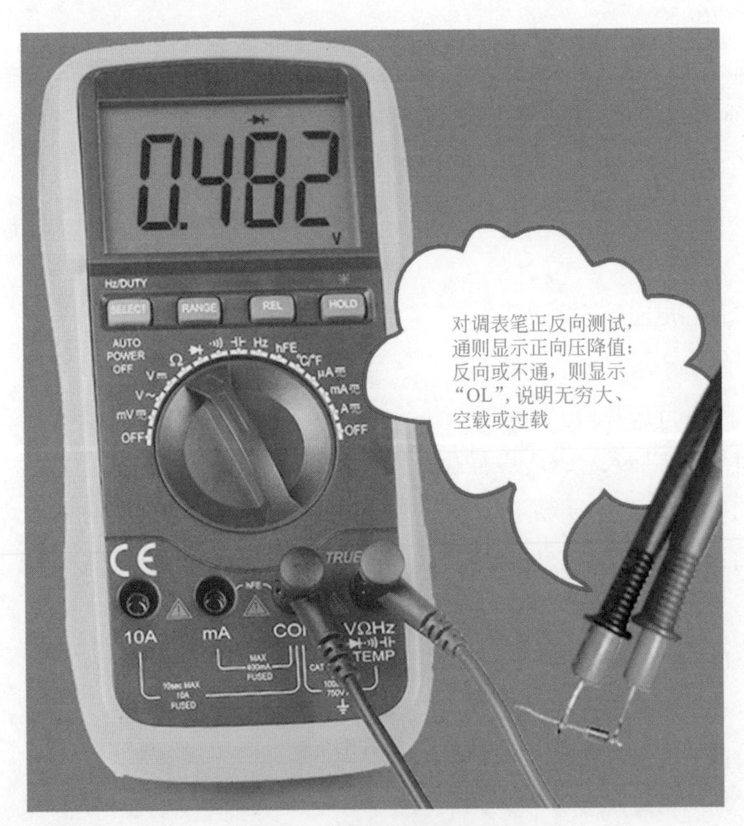


图 3-19　二极管通断测试方法

② 将功能开关转到“→+”或“·))”挡。

③ 正向测量：将红表笔接到被测二极管正极，黑表笔接到被测二极管负极，显示器即显示二极管正向压降的近似值。

④ 反向测量：将红表笔接到被测二极管负极，黑表笔接到被测二极管正极，显示器显示“OL”。

⑤ 完整的二极管测试包括正反向测量，如果测试结果与上述不符，说明二极管是坏的。

⑥ 将表笔连接到待测线路的两点，电阻值约 50Ω，则内置蜂鸣器发声。

⑦ 严禁在“➔⊢”或“·))”挡输入电压。

(9) 温度测量方法及注意事项

① 温度测量方法如图 3-20 所示，将功能开关转至“℃/°F”挡。

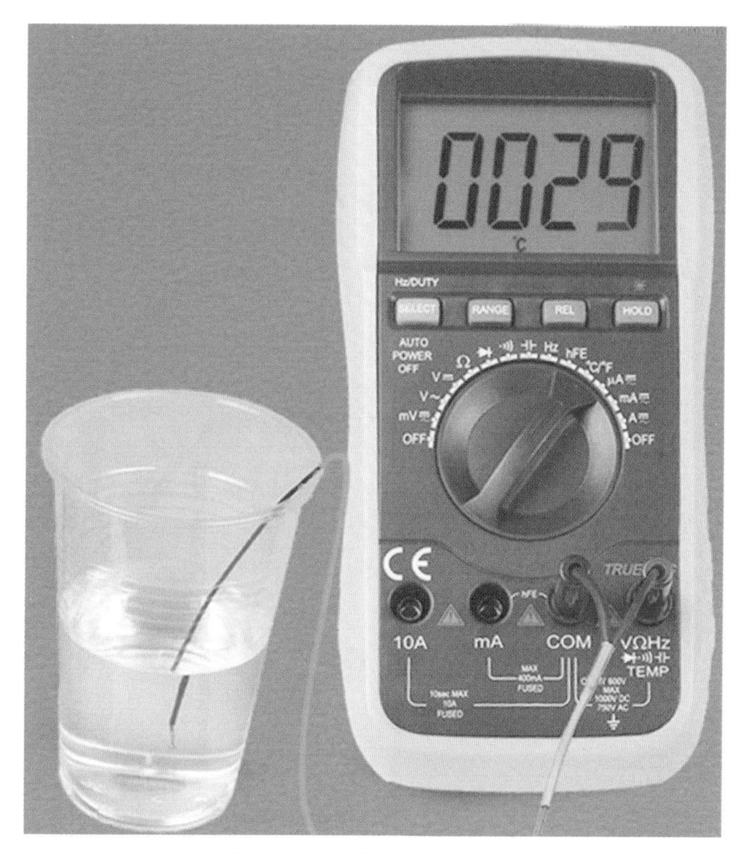


图 3-20 用万用表测量温度方法

② 将热电偶传感器的冷端（自由端）负极（黑色接插器）插入“COM”端，热电偶传感器的工作端（测温端）正极（红色接插器）插入“VΩHz”插孔，置于被测

温场所中，显示屏即显示被测温场所的温度值，读数为摄氏度，按“SELECT”键为华氏度。

③ 当输入端开路时，则显示常温。

④ 严禁在温度挡输入电压。

## 四、紫外线辐照仪

紫外线辐照仪又称紫外线（UV）辐照计、紫外线测试仪、紫外线检测仪、UV 光功率计、UV 照度计等，它是一种用来检测紫外线强度的仪器，如图 3-21 所示。紫外线强度的单位有 μW/cm$^2$、mW/cm$^2$、W/cm$^2$、W/m$^2$ 等，有些紫外线辐照仪不光能测量紫外线强度，还能测量紫外线的能量，能量单位为 mJ/cm$^2$，当然要配合不同的探头进行测量，其中 UVA 为紫外线长波探头，UVB 为紫外线中波探头，UVC 为紫外线短波探头。UVC 紫外线灯具有较强的杀菌功能，所以消毒紫外线灯大多采用 UVC 紫外线灯。

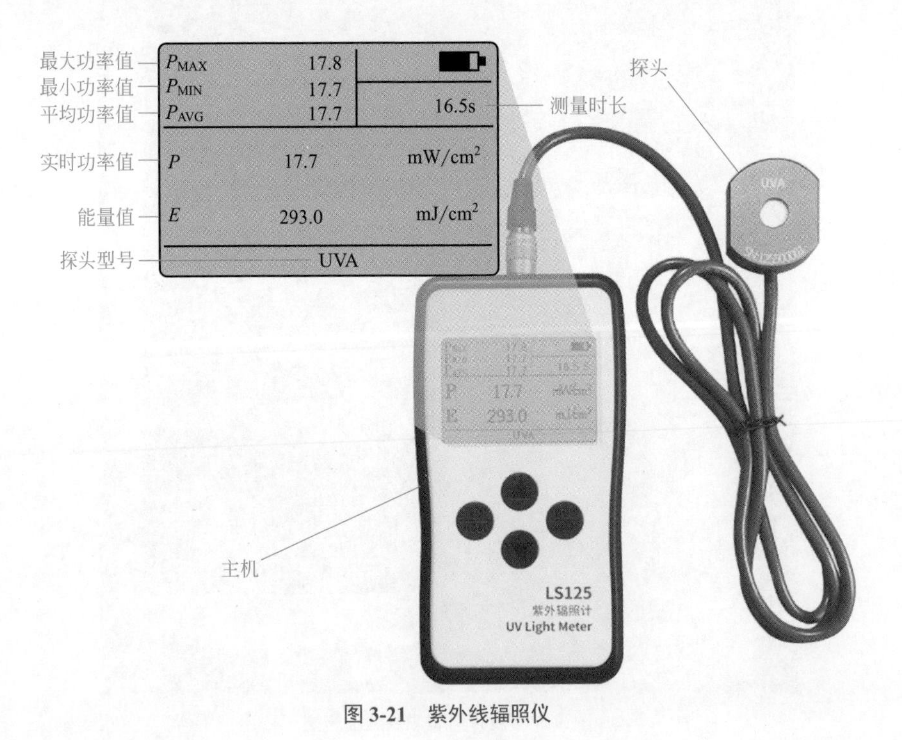


图 3-21 紫外线辐照仪

使用紫外线检测仪时，先要根据不同波长的紫外线灯选用不同类型的探头，是长波紫外线灯的则选用长波探头，中波紫外线灯则选用中波探头，短波紫外线灯则选用短波探头。消毒柜一般采用短波紫外线灯，所以检测消毒柜的紫外线强度时，一般选用带短波探头的紫外线检测仪。

## 五、紫外线辐照试纸

紫外线辐照试纸又称紫外线强度指示卡。紫外线强度指示卡是利用对波长253.7nm的紫外线敏感的化学物质和辅料配成印制油墨，印制在紫外线光敏纸上。将紫外线光敏纸粘贴在卡片纸中央，在卡片纸的两端分别印上辐射照度为90μW/cm$^2$和70μW/cm$^2$的标准色块。由紫外线光敏纸、两端印有标准色块的卡片纸组成紫外线辐射强度化学指示卡。

紫外线辐照试纸的使用方法：测定时，打开紫外线灯管5min待其稳定后，将指示卡置于距紫外线灯管下方垂直1m的中央处，将有图案一面朝向灯管，照射1min。紫外线灯照射后，图案中的紫外线光敏纸色块由乳白色变成不同程度的淡紫色。将其与标准色块相比，即可测知紫外线灯辐照强度值。指示卡上左右两个标准色块表示在规定测试条件下灯管的不同辐照强度值，一个辐照强度值为70μW/cm$^2$，另一个辐照强度值为90μW/cm$^2$。若测试的30W新紫外线灯管辐射强度值≥90μW/cm$^2$，则说明该管合格；若使用旧紫外线灯管，其测得的辐射强度值≤70μW/cm$^2$，说明该管不合格，应更换新管。

# 第四章

# 消毒柜维修方法与技能

# 第一节　维修方法

## 一、感观法

感观法包括问、看、听、闻、摸等几种方法。

(1) 问　问是指维修人员在接修消毒柜时，要仔细询问有关情况，如故障现象、发生时间等，尽可能多地了解和故障有关的情况。

(2) 看　看是指维修人员上门修故障消毒柜，拆开机壳，先观察有没有故障代码之类的故障提示（如图 4-1 所示，显示故障代码 E0 表示温度传感器有故障），再对内部各部分和消毒柜的工作状况进行仔细观察，进而发现故障部位。此方法是应用最广泛且最有效的故障诊断方法。

图 4-1　显示故障代码 E0

(3) 听　听是指仔细听消毒柜工作时的声音。正常情况下，消毒柜在消毒和杀菌时没有声音，其他环节声音更小。若有不正常的声音，通常是电源变压器、镇流器等电感性元器件（图 4-2）或机械部件存在故障。

(4) 闻　闻是在消毒柜通电时闻机内的气味，若有烧焦的特殊气味，并伴有冒烟现象，通常为电源短路、过温熔断器熔断或元器件烧坏引起，此时需断开电源，拆开机器进行检修。有很多嵌入式消毒柜的上方有软管或燃气管通过，由于消毒柜消毒时，消毒柜的上方也有一定的温度，当温度过高时，会对其上方的软管产生影响，使软管或燃气管的外壳隔热层产生异味。此时，应在消毒柜的上方加一层石棉隔热板（图 4-3），以防发生管路燃烧、火灾等事故。

图 4-2　电源变压器、镇流器等电感性元器件有异响

图 4-3　在消毒柜的上方加一层石棉隔热板

（5）摸　摸是指通过用手触摸元器件或其散热片的表面（图 4-4），根据其温度的高低，判断故障部位。元器件正常工作时，应有合适的工作温度，若温度过高，以至于明显烫手，则意味着存在故障。

## 二、经验法

经验法是凭维修人员的基本素质和丰富经验，快速准确地对消毒柜故障做出诊断。例如消毒柜出现无反应、不开机故障时，若电源指示灯不亮，则可以确定故障出在电源上。

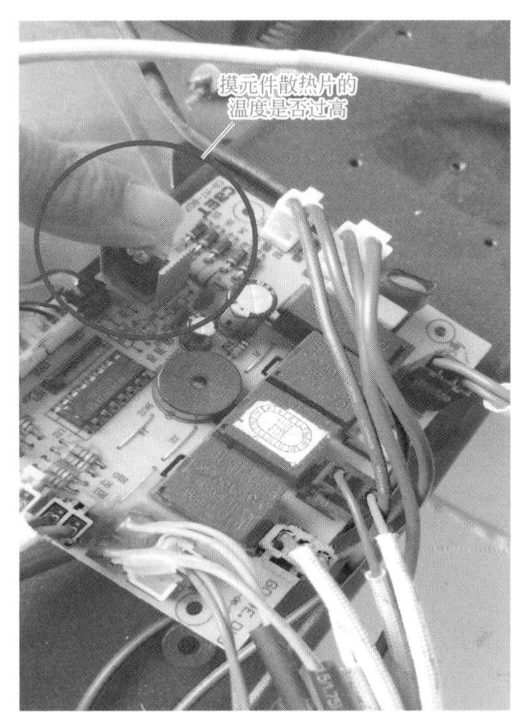


图 4-4　用手触摸元器件表面

例如消毒柜出现无臭氧故障时，则要区分故障是发生在臭氧发生器还是紫外线灯管。因为臭氧发生器和紫外线灯管均可产生臭氧，同样是无臭氧故障，但在不同的部位，其检修方法是完全不一样的。一般情况下，故障大多在紫外线灯管位置（图 4-5 所示为检查重点），此时应检查紫外线灯管、接插器和镇流器是否正常；若故障不在紫外线灯管，则说明故障出在臭氧发生器，应重点检查臭氧发生器、臭氧发生器接插器是否正常。

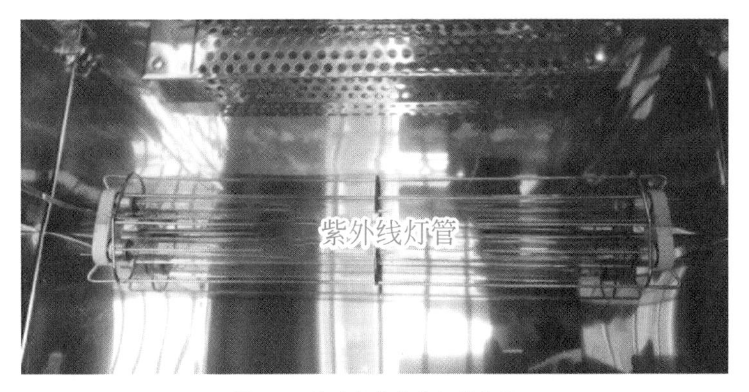


图 4-5　故障在紫外线灯管位置

又例如，消毒柜光波管不亮，一般是光波管两端的接线柱锈蚀断路所致(图 4-6)。

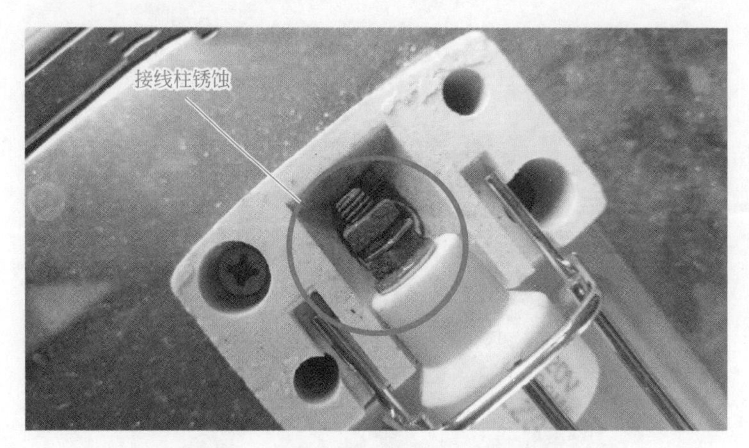


图 4-6　光波管两端的接线柱锈蚀断路

这些都是实际维修中得来的经验，在检修中特别有用。

## 三、代换法

代换法是消毒柜维修中十分重要的维修方法。根据代换元器件的不同，又可分为两种：元器件代换法与模块代换法。

(1) 元器件代换法　元器件代换法是指采用同规格、功能良好的元器件来替换怀疑有故障的元器件，若替换后故障现象消除，则表明被替换的元器件已损坏。例如上门维修时没带能测电容容量的万用表，但怀疑消毒柜主板上的大滤波电容容量减小(图 4-7)，即可代换一个同规格的新电容，代换后故障消失，则说明该电容存在故障。

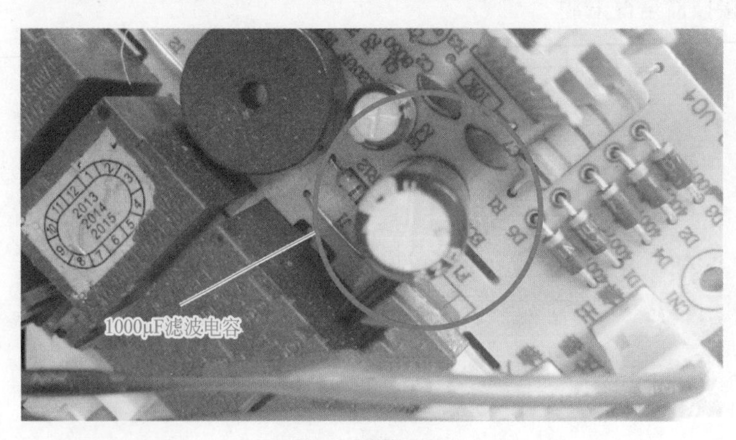


图 4-7　代换电容

（2）模块代换法　模块代换法是指采用功能、规格相同或类似的电路板进行整板代换。这种代换法在维修消毒柜的显示板故障时用得较多。该维修方法排除故障彻底，在上门维修中经常用到，例如显示模块的代换（如图 4-8 所示），换新显示模块后，故障消失，则说明原显示模块存在故障。

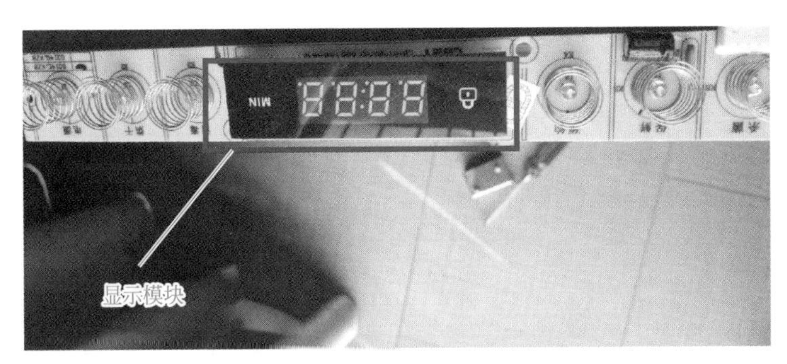


图 4-8　消毒柜显示模块的代换

## 四、测试法

维修消毒柜时通常使用电流测试法、电压测试法、电阻测试法来判断故障部位，电流法适合工作状态的动态测量，电阻法则适合非工作状态的静态测量。通过测量结果来判断故障点，该方法适用范围较广。

（1）电流测试法　电流测试法是用万用表检查电源电路的负载电流，目的是为了检查、判断负载中是否存在短路、漏电及开路故障，同时也可判断故障在负载还是在电源。可用交直流钳形电流表测量电源输入的交、直流电流是否明显偏大，从而判断出负载电路是否存在短路故障。如图 4-9 所示。

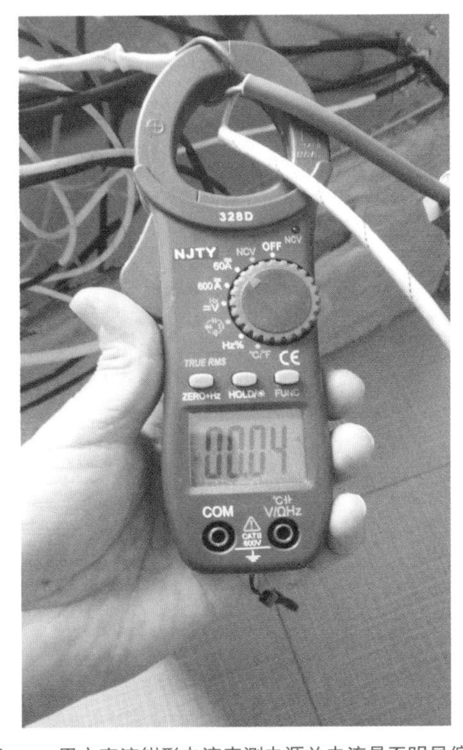


图 4-9　用交直流钳形电流表测电源总电流是否明显偏大

（2）电压测试法　电压测试法是检查、判断消毒柜故障时应用最多的方法之一，其通过万用表测量电路主要端点的电压和元器件的工作电压，并与正常值对比分析，即可得出故障判断的结论。测量所用万用表内阻越高，测得的数据就越准确。主板上有很多电压测试点，如图 4-10 所示。检修时主要检测这些检测点的电压是否明显异常。

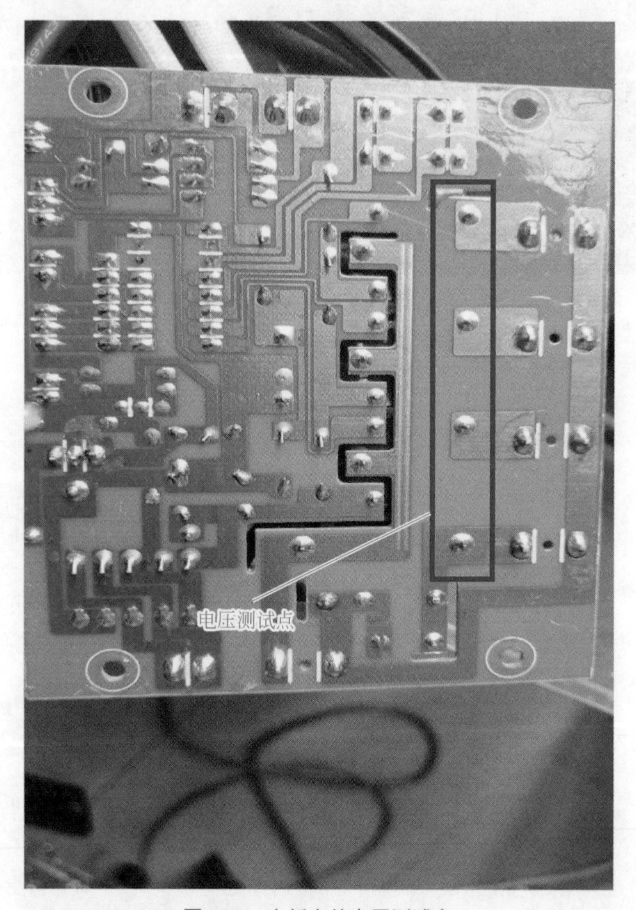


图 4-10　主板上的电压测试点

提示

按所测电压的性质不同，电压又分为静态电压、动态电压。静态电压是指消毒柜不接收指令条件下的电路工作状态，其工作电压即静态电压，常用来检查电源电路的整流和稳压输出电压及各级电路的供电电压等。动态电压是消毒柜在接收指令处于工作状态下的电路工作电压，常用来检查判断用测量静态电压不能或难以判断的故障。判断故障时，可结合两种电压进行综合分析。

（3）电阻测试法　电阻测试法就是利用万用表的欧姆挡，测量电路中可疑点、可疑元器件以及芯片各引脚对地的电阻值，然后将测得数据与正常值比较，可以迅速判断元器件是否损坏、变质，是否存在开路、短路，是否有晶体管被击穿短路等情况，此法适用于断电静态检测。例如静态检测消毒柜主板上的限流电阻的阻值是否正常，如图 4-11 所示。

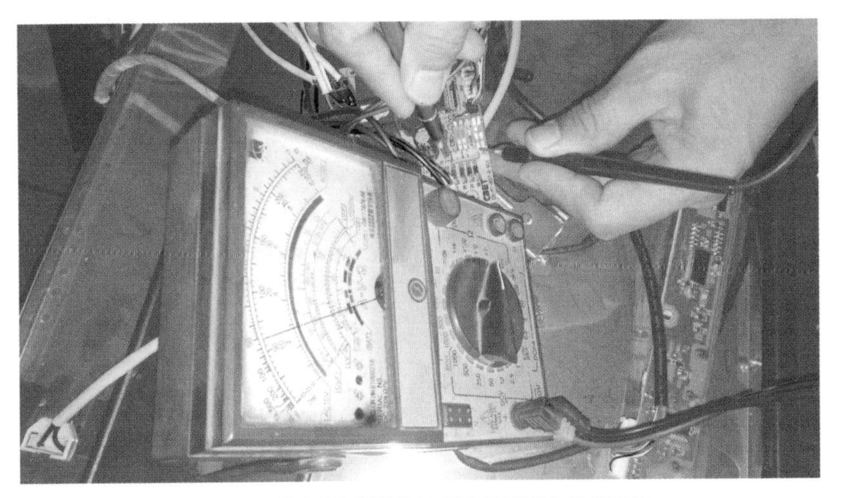

图 4-11　静态检测消毒柜主板上的限流电阻的阻值

提示

电阻测试法又分为"在线"电阻测试法、"脱焊"电阻测试法。"在线"电阻测试法是指直接测量消毒柜电路中的元器件或某部分电路的电阻值；"脱焊"电阻测试法是将元器件从电路上整个拆下或仅脱焊相关的引脚，使测量数值不受电路的影响再测量电阻。

使用"在线"电阻测量法时，由于被测元器件大部分要受到与其并联的元器件或电路的影响，万用表显示出的数值并不是被测元器件的实际阻值，使测量的正确性受到影响。与被测元器件并联的等效阻值越小于被测元器件的自身阻值，测量误差就越大。

## 五、拆除法

在维修消毒柜时拆除法也是一种常用的维修方法，该方法适用于某些滤波电容器、旁路电容器、保护二极管、补偿电阻、压敏电阻等元器件击穿后的应急维修。

有些保护性元器件拆除后，消毒柜还能正常工作，只是失去了保护作用，例如压敏电阻击穿后，一时没有代换元件，可拆除该元件，如图 4-12 所示，消毒柜也能正常工作，但失去了保护作用。拆除某元件后观察故障现象的变化情况对判断故障部位特别有用。

图 4-12　拆除击穿的压敏电阻

## 六、人工干预法

人工干预法主要是在消毒柜出现软故障时，采取加热、冷却、振动和干扰的方法，使故障尽快暴露出来。

（1）加热法　加热法适用于检查故障在加电后较长时间（如 1 ～ 2h）才产生或故障随季节变化的消毒柜，其优点主要是可明显缩短维修时间，迅速排除故障。常用电吹风和电烙铁对所怀疑的元器件进行加热，迫使其迅速升温，若随之故障出现，便可判断其热稳定性不良。由于电吹风吹出的热风面积较大，故通常只用于对大范围的电路进行加热，对具体元器件加热则用电烙铁（图 4-13）。

（2）冷却法　通常用酒精棉球敷贴于被怀疑的元器件外壳上（图 4-14），迫使其散热降温，若故障随之消除或减轻，便可断定该元器件热稳定性不良，需要加散热片或直接更换。

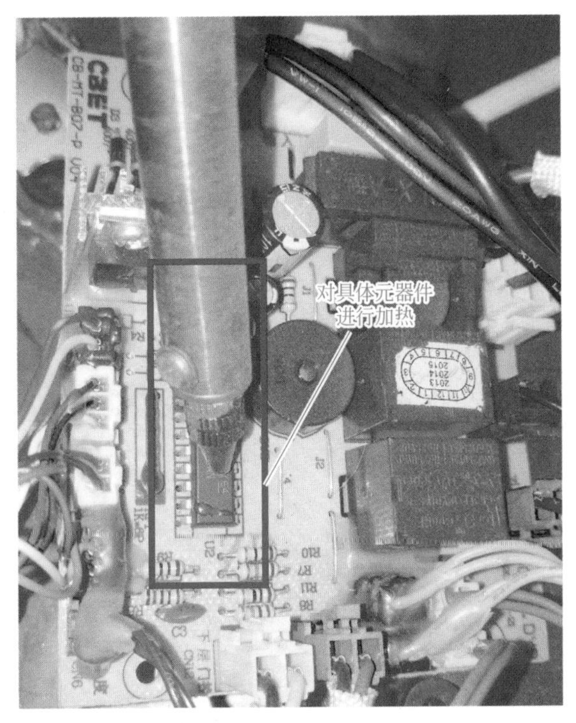


图 4-13 用电烙铁对具体元器件进行加热

图 4-14 用酒精棉球敷贴于被怀疑的元器件上

（3）振动法　振动法是检查虚焊、开焊等接触不良引起软故障的最有效方法之一。通过直观检测后。若怀疑某电路有接触不良的故障，即可采用振动或拍打的方法来检查，使用工具（螺丝刀的手柄）敲击电路或用手按压电路板，扳动被怀疑的元器件，便可发现虚焊、脱焊及印制电路板断裂、接插件接触不良等故障的位置。若发现按压后故障有变化，则用热风枪加热按压部位的元器件引脚（图 4-15），使元器件上的虚焊点重新熔焊好。

图 4-15　用热风枪加热虚焊部位的元器件引脚

## 第二节　维修技能

根据故障现象判断故障部位是消毒柜维修的基本方法，以下介绍如何根据故障现象判断故障部位。

### 一、面板上的数码管不亮

故障原因及部位：停电、电源插头未插紧、面板与主板连线的接插器松动（图 4-16）、显示芯片损坏、数码管损坏等。

### 二、显示器功能挡指示灯不亮

故障原因及部位：功能键（或触摸感应弹簧焊点，如图 4-17 所示）接触不良、面板与主板连线的接插器松动、显示芯片损坏、功能指示灯损坏等。

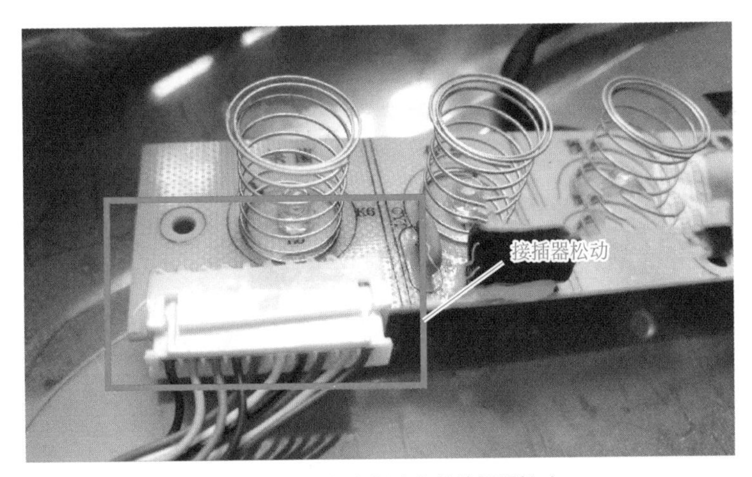


图 4-16　面板与主板连线的接插器松动

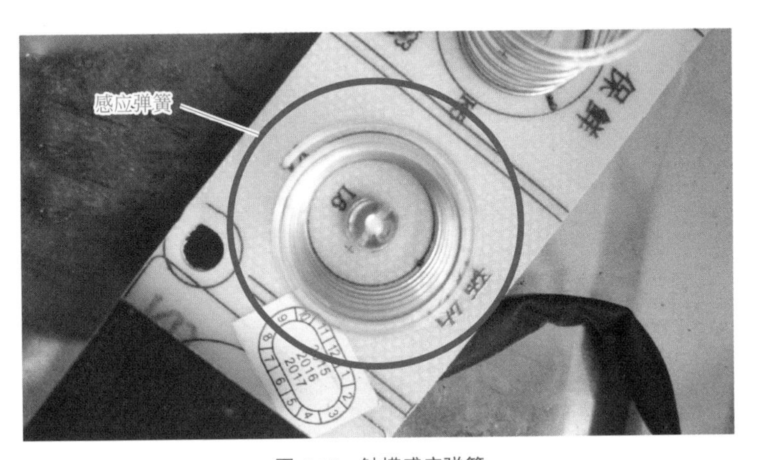


图 4-17　触摸感应弹簧

## 三、抽屉卡顿

故障原因及部位：滑轨未正确插入、滑轨上的滑动滚珠掉落或锈蚀、滑轨与外壳错位（图 4-18）、智能门锁损坏等。

提示

抽出抽屉时，两只手要同时拉住两边轨道内部的卡锁，如图 4-19 所示，往上或往下拉住（哪边松就往哪边拉），拉住不放，然后将抽屉拉出。

图 4-18　滑轨与外壳错位

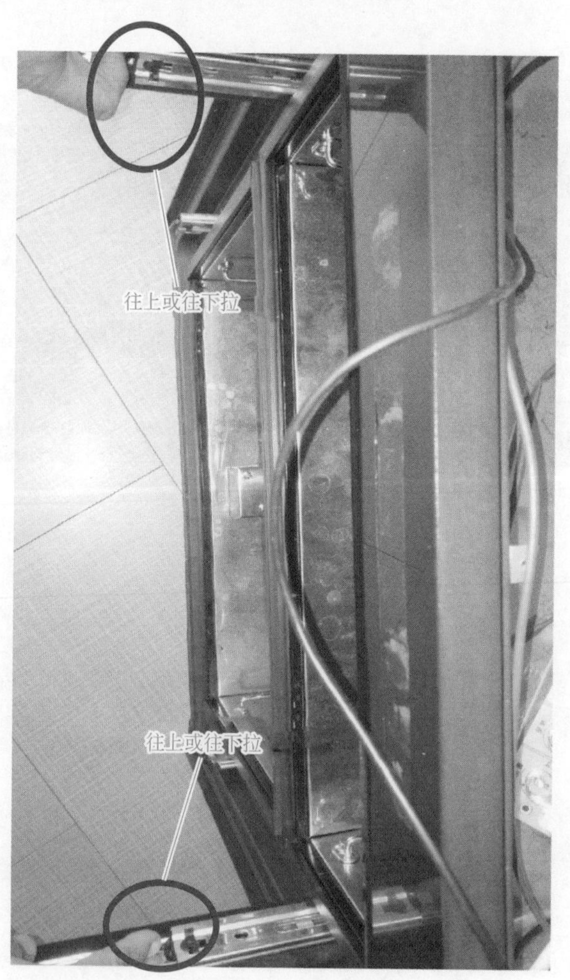


图 4-19　抽出抽屉

## 四、显示故障代码

显示故障代码是提示消毒柜的故障部位或机器未正常关闭。不同的机器，其故障代码所指示的故障部位是不一样的。例如箭牌系列消毒柜显示故障代码 E1（图 4-20），则表示该消毒柜的柜门未正常关闭，将柜门重新关闭后，一般故障代码会消失。当柜门已正常关闭，但门控开关本身有故障时，也会出现该故障代码。

图 4-20 消毒柜显示故障代码 E1

## 五、消毒柜漏电

线束破损、电源接地不良、光波管或紫外线灯管管座漏电、门锁开关电磁线圈漏电、主板湿气过大造成对机壳漏电。

提示

用 328D 钳形电流表的 NCV（非接触式感应电场检测）功能挡检测消毒柜的漏电部位，仪器发出报警信号最强的地方就是漏电的可能部位。相关检测如图 4-21 所示。

## 六、长时间不停机

故障原因及部位：主板上主芯片内部的程序损坏、主板上的继电器内部触点粘连（图 4-22）。

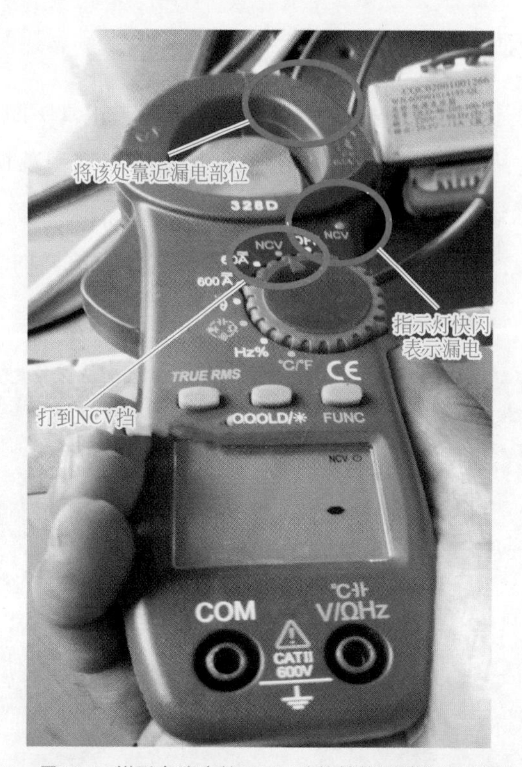


图 4-21 用 **328D** 钳形电流表的 **NCV** 功能挡检测消毒柜的漏电部位

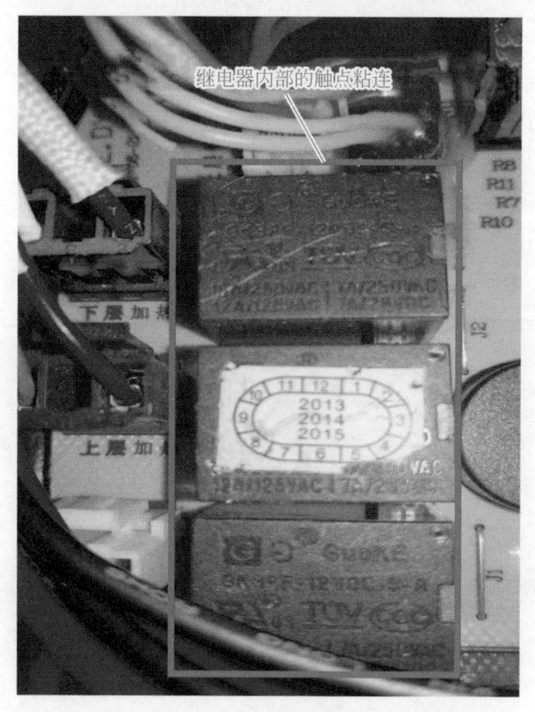


图 **4-22** 主板上的继电器内部触点粘连

## 七、按下按键，显示屏无显示

故障原因及部位：电源插座没有插紧、熔断器烧断（图 4-23）、显示电路故障。

图 4-23　熔断器烧断

## 八、高温消毒时发热管不发热

故障原因及部位：加热继电器损坏、发热管两端的接头锈蚀或松动、发热管内部的发热丝断路（测量发热管两端的电阻值为无穷大，如图 4-24 所示）。

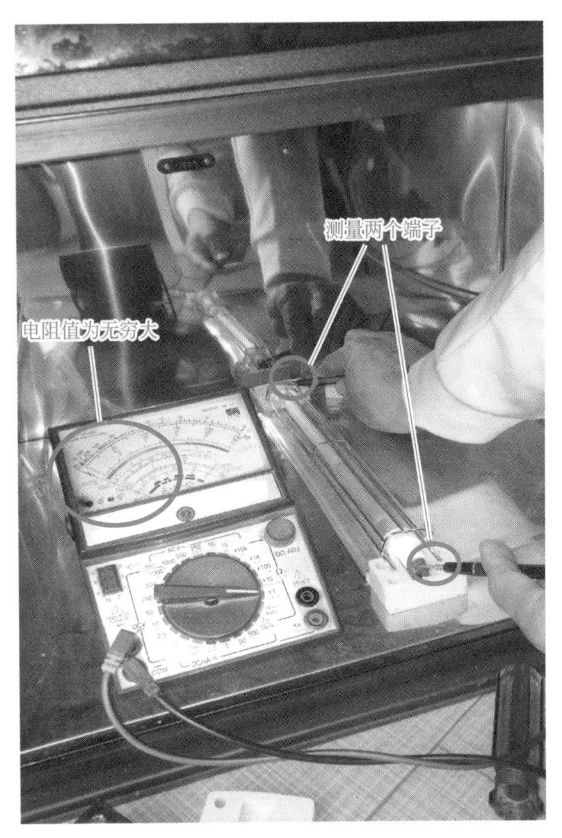


图 4-24　测量发热管两端的电阻值为无穷大

## 九、消毒温度不正常

故障原因及部位：传感器碰到了消毒器具（有可能外罩损坏，传感器外罩如图 4-25 所示）、温度传感器损坏等。

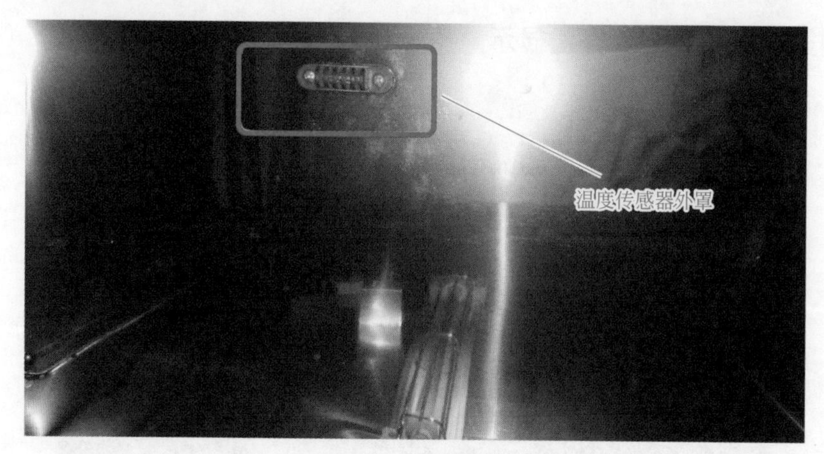


图 4-25　传感器外罩

## 十、臭氧严重逸出

故障原因及部位：门锁开关损坏造成柜门未关紧，密封条脱落、老化或变形（图 4-26）等。

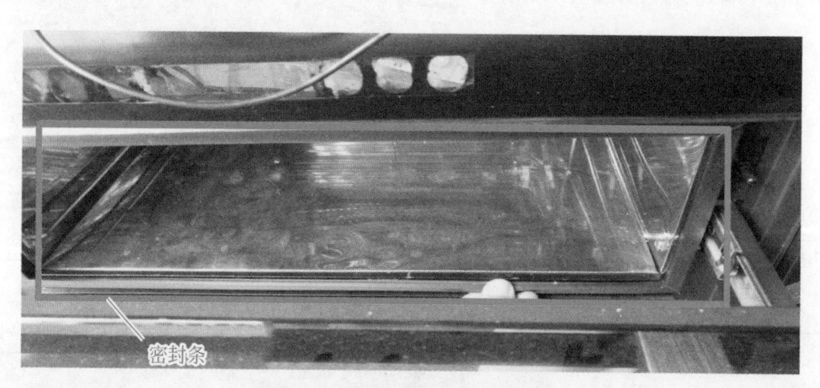


图 4-26　密封条脱落、老化或变形

## 十一、臭氧发生器不工作

故障原因及部位：门控开关未关闭（或接通，按压门控开关到关门状态，测量门控开关是否接通，如图 4-27 所示）、臭氧发生器继电器损坏、臭氧发生器损坏等。

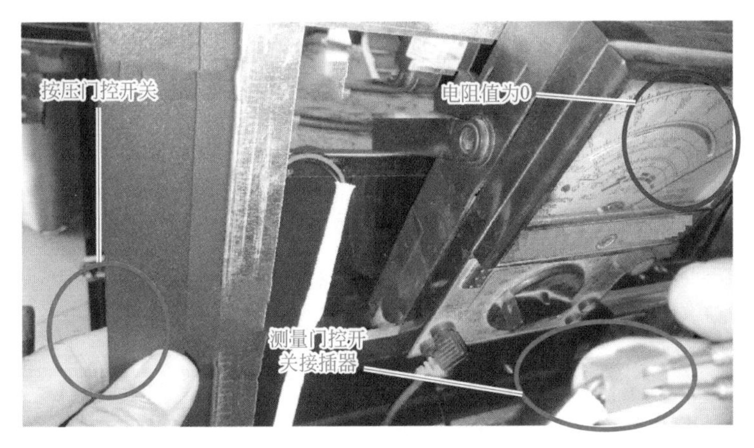


图 4-27　测量门控开关是否接通

## 十二、臭氧消毒室不能保温

故障原因及部位：臭氧室温控器损坏、臭氧室发热体（图 4-28）损坏、臭氧室密封圈损坏。

图 4-28　臭氧室发热体

# 第三节　换件维修

消毒柜换件维修主要是指更换消毒柜的主板、镇流器、光波管和紫外线灯管这些大件。更换这些大件时，通常是更换万能件（又称维修件），当然最好是原厂配件，在找不到原厂配件的情况下，通常更换万能件。

换件维修时更换原厂配件最为简单，只要型号规格一样，也就是板号（图 4-29）或器件型号（图 4-30）一样，直接拔掉所有的接插件，换上新的原厂配件，再插上所有的接插件即可。更换万能件则相对复杂一些，先要考虑消毒柜有哪些功能和接插件，还要考虑功能是否匹配、功率和电流电压是否能适应、安装尺寸是否超限、接插件是否要对应，这些因素中，只有接插件不对应的情况下可自制接插件来适应机器，其他因素都是必须要完全匹配才能进行换件维修。并且，万能件换件维修通常是整体换件，包括显示、遥控、面板和传感等部分的全部器件，只要接上原机的主要功率接插件，消毒柜就能正常工作。例如，更换消毒柜万能主板（图 4-31）时，只要接上原机的几个接插件，消毒柜就能正常工作，原机的显示板、控制板都不用连接，当然也不存在匹配问题。

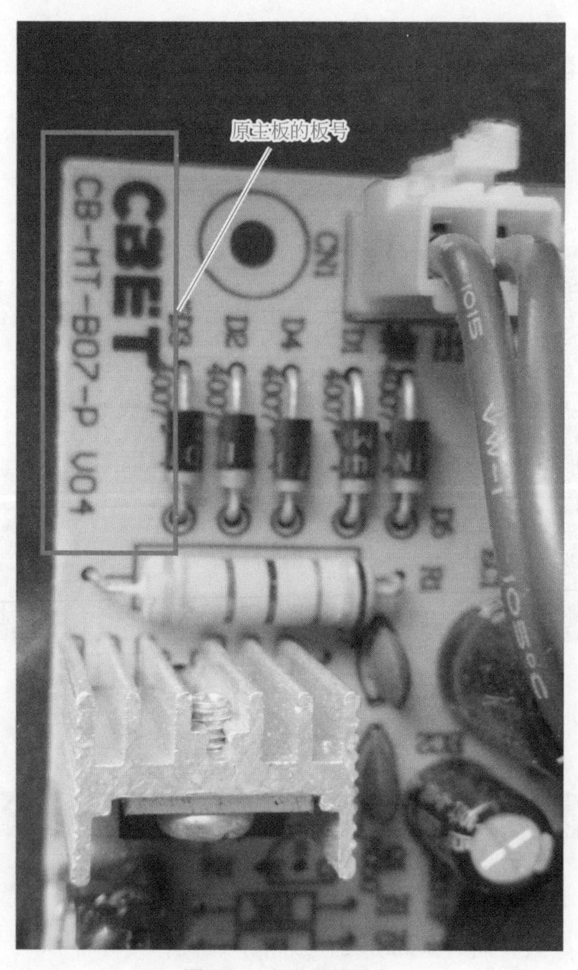


图 4-29　原主板的板号

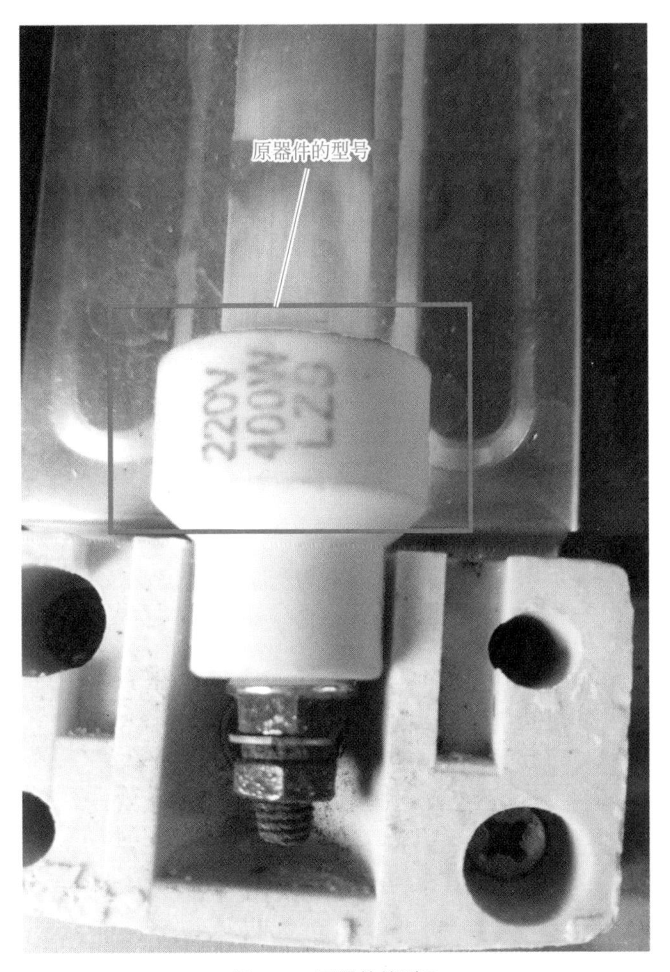


图 4-30　原器件的型号

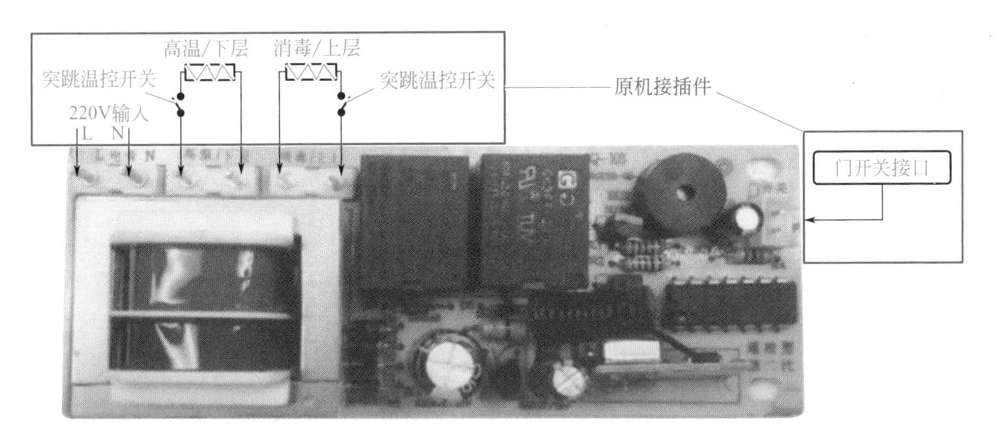


图 4-31　更换消毒柜万能主板

提示

更换消毒柜万能主板时，必须按主板上的标注连接接插件，有些功能插脚若原机没有，则空置不接线，例如童锁、照明、风扇等功能键，若原消毒柜没有这些功能，则通用主板不用连接这些功能的接插件。若原机的门控开关损坏，且找不到原配件，则可直接将门控开关接通后连接到通用主板上，否则通用主板会报警，不会正常工作。有些通用主板连接好接插件后，开始就会出现故障代码，并发出报警声，只要将消毒柜的柜门重新关闭再开启，故障代码就会消失，消毒柜会正常工作。

换件维修通常需要重新制作冷压端子连线，制作冷压端子需要用专用的冷压钳进行操作。有些万能板配备了各种冷压端子或冷压端子接线，维修人员只要连接相应的冷压端子或用冷压钳制作冷压端子线即可。

对于带显示屏的万能板（图 4-32），还要考虑显示屏与原显示窗口是否吻合，新换的显示屏应与显示窗口基本吻合才能代换。

在消毒柜换件维修中，通常有更换紫外线灯管、更换光波管（前面已有介绍）、更换主板。掌握这些操作方法在实际维修中可举一反三，灵活运用。

动画扫一扫

更换紫外线灯管

动画扫一扫

主板换件维修

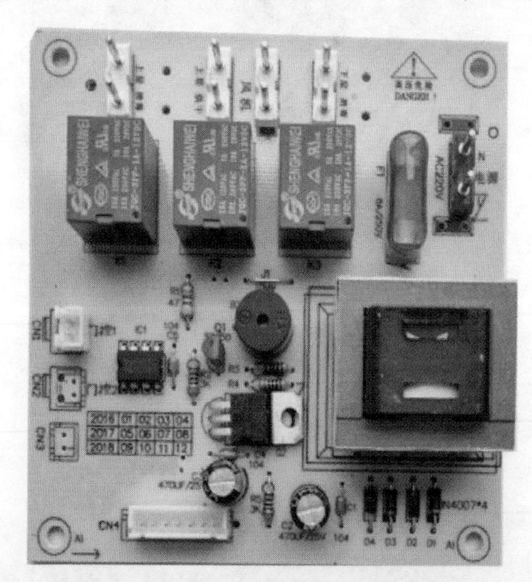

图 4-32　带显示屏的万能板

# 第五章

# 消毒柜故障维修

# 第一节 通用故障维修

## 一、通电后电源指示灯不亮，整机无任何反应

故障原因：①电源线及插座无电或接触不良；②熔断器烧坏；③电源线与机体接触不良或断路；④主板有问题（检测主板上电源输入插头处是否有 220V 交流电压输入或主板是否有 5V 直流电压输出）；⑤继电器失灵或接触不良；⑥变压器烧坏，断路或引线焊接松脱；⑦按键显示板有问题。故障相关部位如图 5-1 所示。

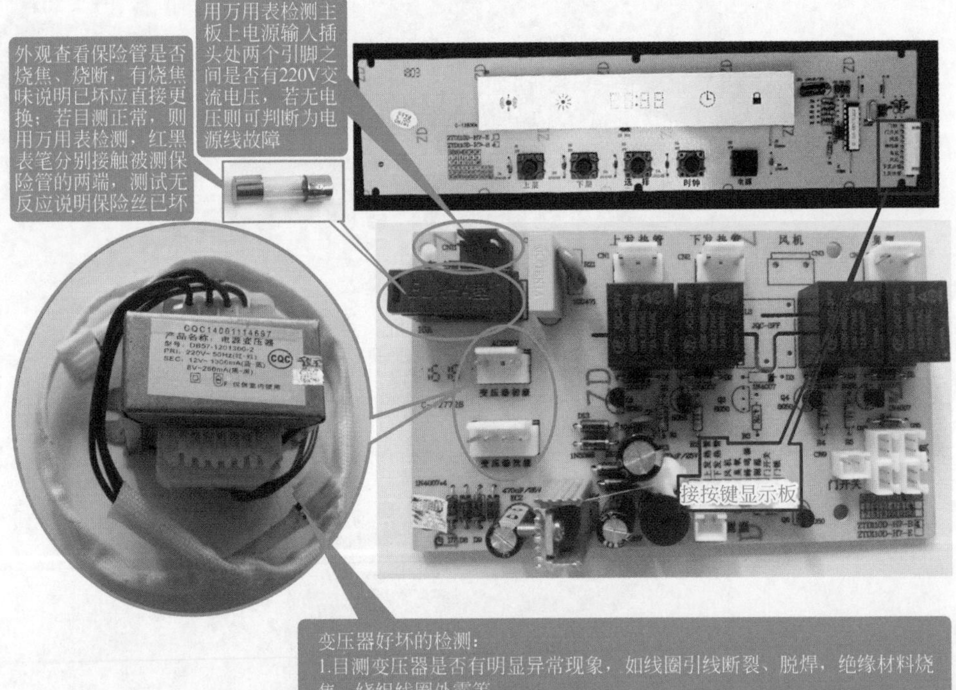


图 5-1 故障相关部位

故障处理：①修复或更换插座；②更换保险管；③检查线路是否导通，并修复；④检查是否有短路，更换电源板；⑤更换继电器或更换维修接插件；⑥更换或焊接接通；⑦更换按键显示板。

提示

有些型号的变压器集成在主板上（图 5-2），检测起来需要一定的专业知识，可以直接判断为主板故障，维修时只需更换主板即可。变压器故障在这类故障中最为常见。

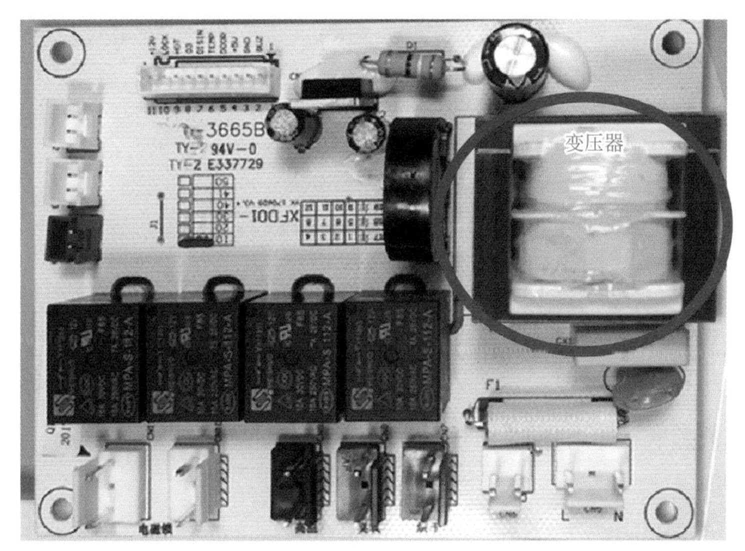


图 5-2 变压器集成在主板上

## 二、电子消毒柜打开电源开关后，指示灯亮，但不加热

故障原因：①发热元件（高温消毒所用发热元件绝大部分为远红外石英发热管）的插头接触不良；②发热元件烧坏；③继电器常开触点氧化严重；④温控器触点（动触点和静触点）氧化严重或烧坏（如图 5-3 所示）。

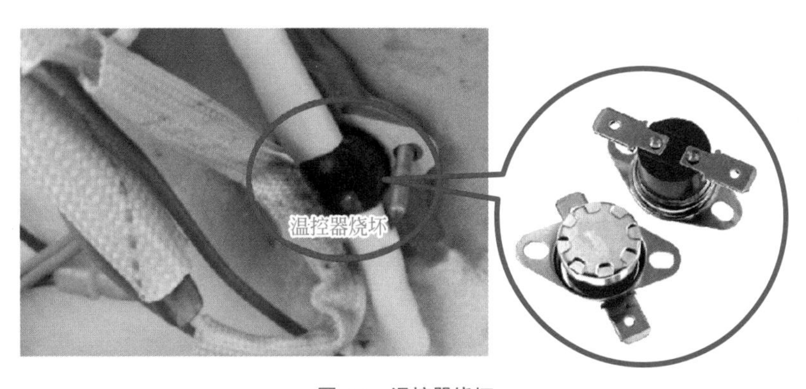


图 5-3 温控器烧坏

故障处理：①修复或重新插好插件；②更换功率与长度相同的新发热元件；③用细砂纸打磨继电器的触点或更换继电器；④用砂纸打磨温控器触点或更换温控器。

提示

检测发热元件时，可将万用表置于电阻挡，测管状的电热元件两端的电阻，若确定电热元件烧断，此时更换的电热元件需要注意电热管长度、功率均与之前保持一致。

## 三、消毒柜当温度达到设定值后，仍不能自动停机

故障原因：①柜门没有关严或门封条变形；②发热管损坏；③温控器失灵；④继电器触点粘连有问题。

故障处理：①将门关严，调整门铰座固定螺钉或更换门封条；②更换石英发热管；③更换温控器；④用砂纸打磨继电器触点或更换继电器。

提示

若通电后未按开关，红灯就自动点亮，电热元件也自动工作，此故障应检查按键开关是否短路以及继电器的触点是否因烧结而弹不开。

## 四、消毒柜按键操作正常，但上层柜（臭氧紫外线消毒）不消毒

故障原因：①紫外线灯管接触不良、老化或烧坏（目测紫外线灯管是否烧黑，若正常则用万用表检测紫外线灯管阻值是否正常）；②镇流器有问题（万用表电阻挡测镇流器阻值是否正常）③主板有问题（启动上室消毒功能，细听继电器是否有“叭”的一声响，若没有，则问题可能出在主板，此时用万用表检测主板上臭氧接头两个端子是否有 220V 电压输出）；④启辉器有问题。

故障处理：①重新安装紫外线灯管或更换新灯管；②更换镇流器；③更换主板；④更换启辉器。

提示

镇流器（或启辉器）是提供高压给紫外线灯管（提供紫外线和臭氧消毒）启动，启辉器无法通过测量法判定好坏，只能直接采用替换法进行排除。镇流器有电子式和电感式（图 5-4），电子式兼具启辉器功能，它是用半导体来升压的；而电感式镇流器必须配合启辉器一起使用，它是用电感来升压的。

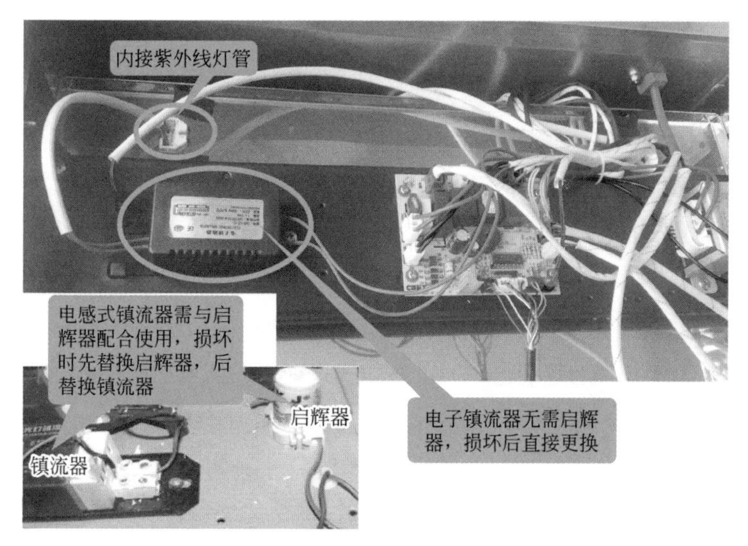


图 5-4　镇流器

## 五、消毒柜消毒结束后柜体内餐具仍有水珠，烘干功能不工作

维修过程：对于采用 PTC 热风循环烘干的消毒柜，首先启动消毒柜，然后检查出风口是否有热风吹出；若没有风吹出，则检查风机是否损坏（若测主板上交流风机端子上有 220V 电压，则检查交流风机；无 220V 电压，则检查主板）；若有风但不是热风，则检查风机连接的 PTC 发热元件及温控器是否损坏（用导体直接连通温控器的两个脚看是否会发热，若发热，则问题出在温控器；若不发热，则问题出在 PTC）；若以上问题均正常，则检测主板是否有问题（若测主板 PTC 发热器端子上无 220V 电压，则问题出在主板；若有 220V 电压，则检查温控器、熔断器、PTC 发热器）。PTC 热风循环烘干组件如图 5-5 所示。

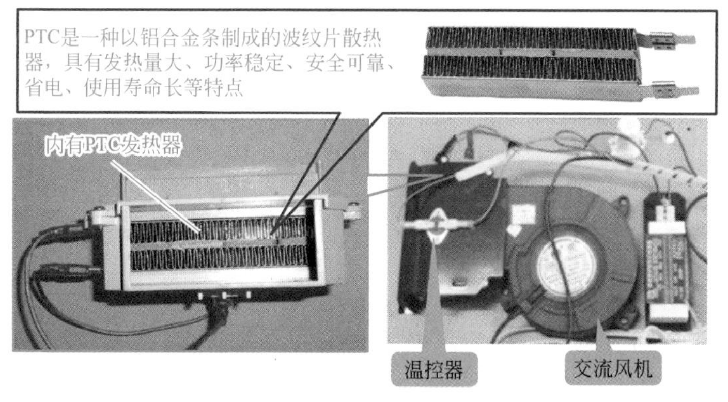


图 5-5　PTC 热风循环烘干组件

对于采用光波管（或石英发热管）加热烘干模式的，应首先检查管子本身是否有问题，如发热管插头严重氧化、插头与插座之间接触不良、管子烧坏等；若红外管本身无问题，则检查上室熔断器是否烧坏；若以上检查均正常，则检测主板（若用万用表测量主板烘干管端子无 220V 电压，则问题出在主板）。

故障处理：更换烘干组件中的相应故障部件或主板。

提示

消毒柜有三种烘干方式：①光波管（或石英发热管）加热烘干，在箱体下层有个灯管（光波管或石英发热管），靠灯管发热来烘干；② PTC 热风循环烘干（采用 PTC 发热器件和风机），离心风机把 PTC 加热器产生的热量吹到箱体内，形成一个热风循环，烘干效果更均匀；③地暖式匀加热烘干，像地暖一样均匀加热每一个角落，让所有的餐具的水分迅速、彻底烘干。

## 六、消毒柜烘干效果差

故障原因：①食具放置过多或过密；②气温太低；③ PTC 加热元件有问题；④温控器限温温度过低；⑤热熔断器烧断；⑥风机损坏。

故障处理：①不超过食具的额定重量并竖直放在层架上，不要叠放；②减少食具数量，延长烘干时间；③更换 PTC 加热元件；④更换温控器；⑤更换热熔断器；⑥更换风机。

提示

烘干功能是在消毒过程完成以后才会自动启动，若在消毒时检查烘干是否工作，容易误认为烘干功能有故障。

## 七、消毒柜按键操作正常，但下层柜（高温消毒）不消毒

故障原因：①温度传感器有问题；②主板有问题；③超温熔断器有问题；④高温消毒发热管（光波管）或连线有问题。

首先检查显示是否正常，若显示屏显示超出的温度值，则检查温度传感器是否变值；若显示正常，则打开下层柜门，用手按住门控开关，细听是否有继电器吸合声，若没有，则检测主板上下层柜加热插件上是否有 220V；若无 220V 电压，则检查主板或开关板电子元件是否损坏；若有 220V 电压，则检查熔断器是否有问

题（可测其两端是否开路，也可用万用表检测其通断来判断）；若熔断器正常，则观测发热管本身是否有问题，如发热管断裂、引脚接头烧坏、连接线断开等，若目测正常，再用万用表测量发热管是否开路，测不通为发热管损坏。故障相关部位如图 5-6 所示。

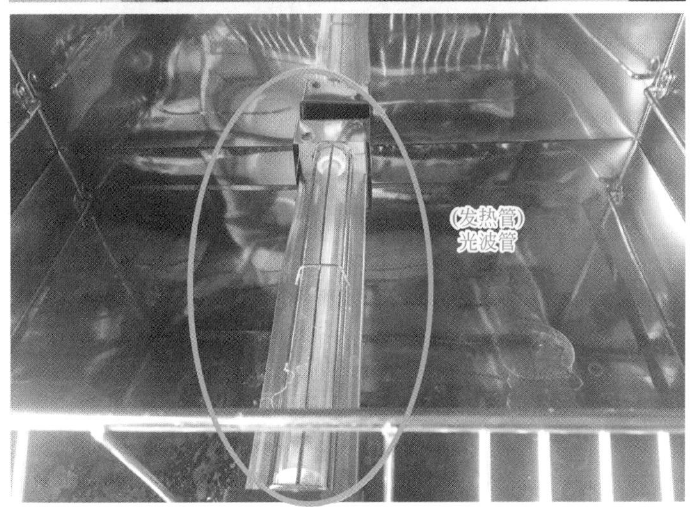


图 5-6 故障相关部位

故障处理：更换相关损坏部件。

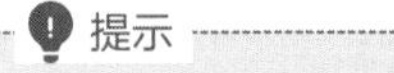

光波管和红外管都有不同的功率，更换时应注意区分。

## 八、消毒柜高温温度偏低

故障原因：①发热元件（远红外线石英管）有问题；②温控器失灵；③发热元件导电线氧化。

故障处理：①更换同规格、同尺寸的新发热管；②更换温控器；③用砂纸将氧化层清除干净，然后安装好。

> 提示
>
> 远红外线石英管正常时应呈红色，若不呈红色，则说明发热元件已烧坏。

## 九、消毒柜显示屏无显示，但消毒和烘干均正常

故障原因：①按键板上接插件未插好；②显示屏损坏；③按键板损坏；④主板上显示屏输出插件未插好或松脱、主板损坏。主板与按键板如图 5-7 所示。

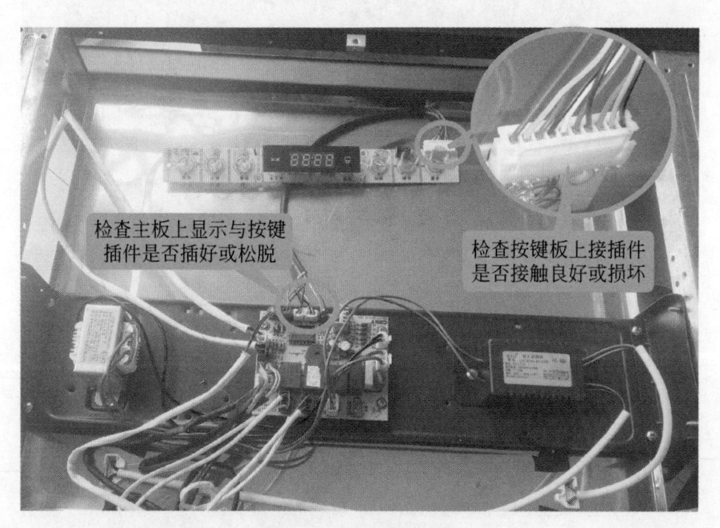


图 5-7　主板与按键板

故障处理：①重插插头；②更换显示屏；③更换按键板；④重插插件或更换主板。

> 提示
>
> 只是单纯显示屏不亮，而其他工作正常，一般是显示屏问题。显示屏若出现缺笔、漏显、误显等显示不正常现象，可因此判断显示屏故障。

## 十、消毒柜选择消毒功能，蜂鸣器报警，不能正常消毒

故障原因：①温度传感器接插件接触不良或损坏；②温度传感器开路或短路；③主板有问题。温度传感器如图 5-8 所示。

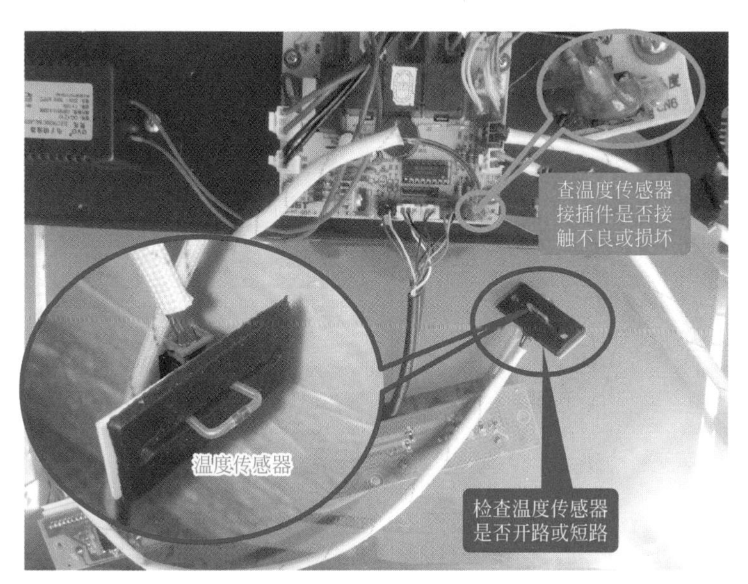


图 5-8　温度传感器

故障处理：①重新插好温度传感器插口；②将温度传感器插口重新插拔一下，若仍不行则更换温度传感器；③更换主板。

这种故障最常见的是温度传感器接触不良导致开路或短路，发出异常报警。

## 十一、消毒柜选择烘干功能，蜂鸣器报警，不能正常烘干

故障原因：①柜门没关好或柜门变形；②门控开关接插件接触不良（见图 5-9）；③门控开关有问题；④主板有问题。拔接插件的插簧需要一定的技巧，可参考视频所示。

拔出插簧的技巧

动画扫一扫

故障处理：①关好柜门或更换柜门；②重插或修复门控开关插件；③更换门控开关；④更换主板。

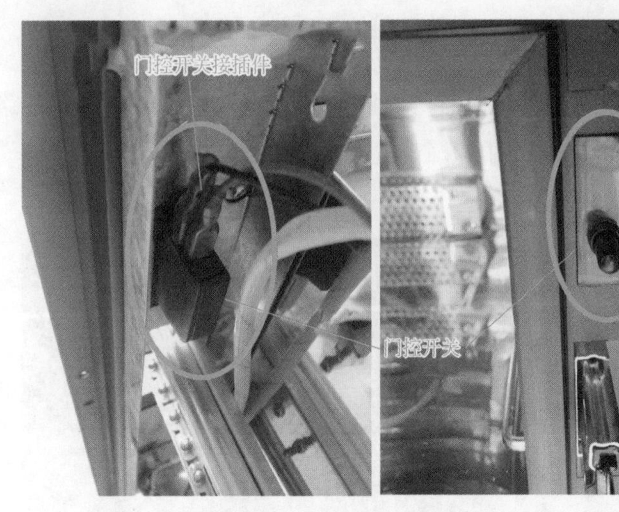


图 5-9 门控开关

提示

这种故障最常见的是因为门没有关严或者门由于异常挤压或重力碰撞导致变形，才会发出异常报警。

## 十二、消毒柜臭氧管和紫外线灯不工作

故障原因：①柜门未关好；②门控开关接触不良；③电路板有问题。

故障处理：①关好柜门；②调整门控开关的接触状况或更换门控开关；③更换电路板。

提示

门控开关在触点没有被压下的情况下，两个插脚之间是断开的，当触点被压到一定程度时，两插脚接通。图 5-10 所示为门控开关结构。

## 十三、消毒柜进入工作状态时，柜门仍不上锁

故障原因：①主板损坏（启动机器，用万用表测主板上门锁接插件是否有直流电压输出，无直流电压输出则问题出在主板）；②门锁本身问题（若观察门锁不能吸合，则检查门锁及其连接线是否损坏）；③门锁移位（观察门锁钩有没有锁到门锁孔中间位置）。门锁如图 5-11 所示。

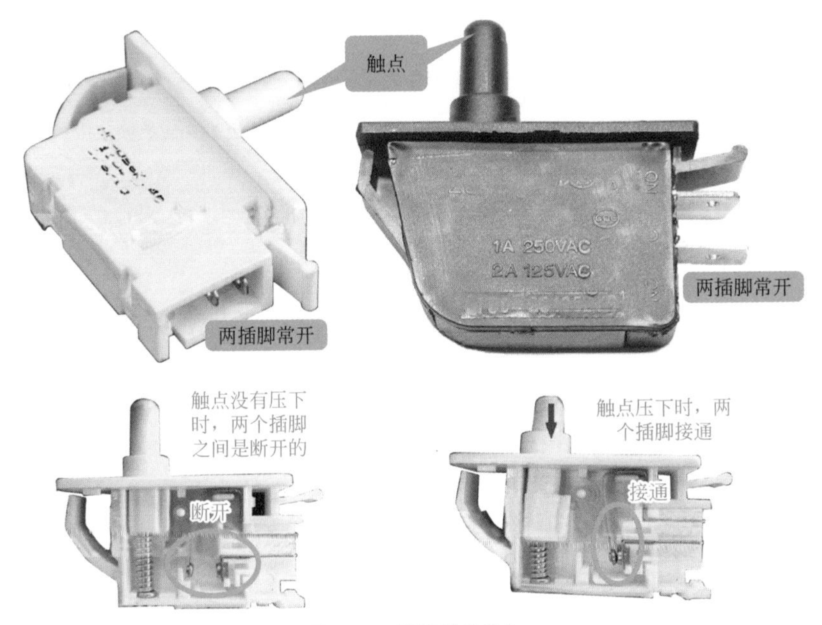


图 5-10 门控开关结构

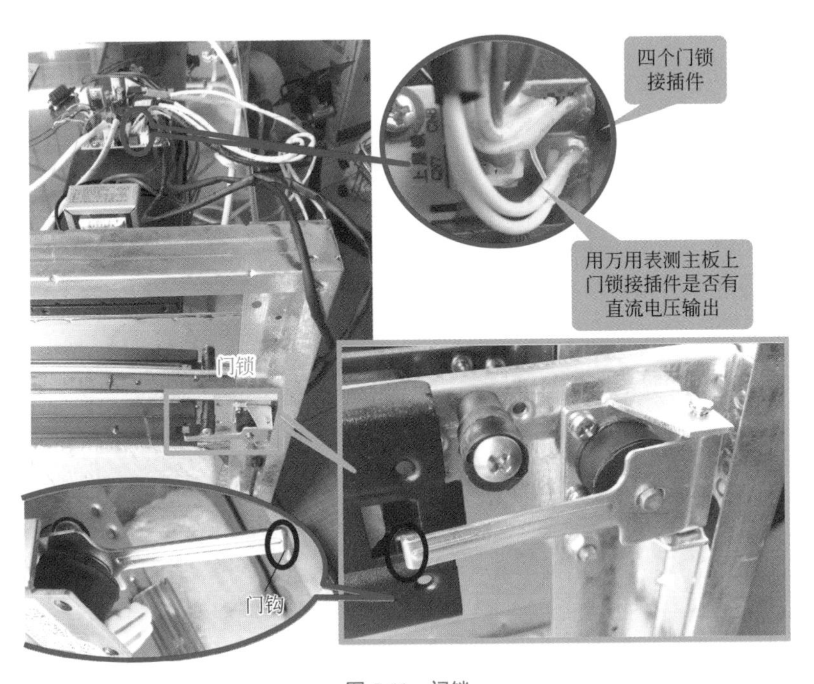


图 5-11 门锁

故障处理：①更换主板；②更换门锁及连接线路；③调整门锁安装位置。

提示

一般情况下四个门锁不会一起坏，只是其中的某一个有问题，这时只需找出不响（门锁上锁时会有“喀”的响声）的那个，再检查其连接线；若四个门锁都不上锁，应更换主板。

## 十四、消毒柜门打不开

故障原因：①门锁卡得太紧；②下层高温柜内放了易受热熔解的物品，使碗篮被粘住。

故障处理：①断开电源，再用力按门板，让门锁挂钩回位，然后将卡孔位置重新调整好；②重新开启消毒柜加热至黏附物再次熔解再断开电源，打开柜门进行清洁。

提示

不同类型的餐具应分别消毒，对不耐高温的（塑料、木质、塑胶等）餐具应放进低温消毒室消毒，这样既不会损坏餐具，同时也避免产生危害人体健康的有害物质。

## 十五、消毒柜抽屉抽拉不畅

故障原因：①碗篮错位或变形；②导轨有问题（导轨长时间使用导致磨损或小部件损坏）；③滚轮有污垢或损坏（如干枯、磨损等）。相关部位如图 5-12 所示。

故障处理：①调整好碗篮重新安装；②更换导轨；③清洁或更换滚轮。

提示

导轨在长时间使用后应该注入适量食用油（不可用普通机器润滑油，避免造成异味或产生挥发性的有害物质），以保持其抽拉顺畅；另外在更换导轨时应选择质量较好的，这样长时间使用后，拉篮不会出现卡住或不顺畅的现象。

## 十六、消毒柜高温消毒几分钟左右就自动停机

故障原因：①食具堆积放置在靠门边位置；②上层温控器与下层温控器

装错，或温控器损坏；③上、下发热管装错；④温度传感器有问题；⑤主板有问题。

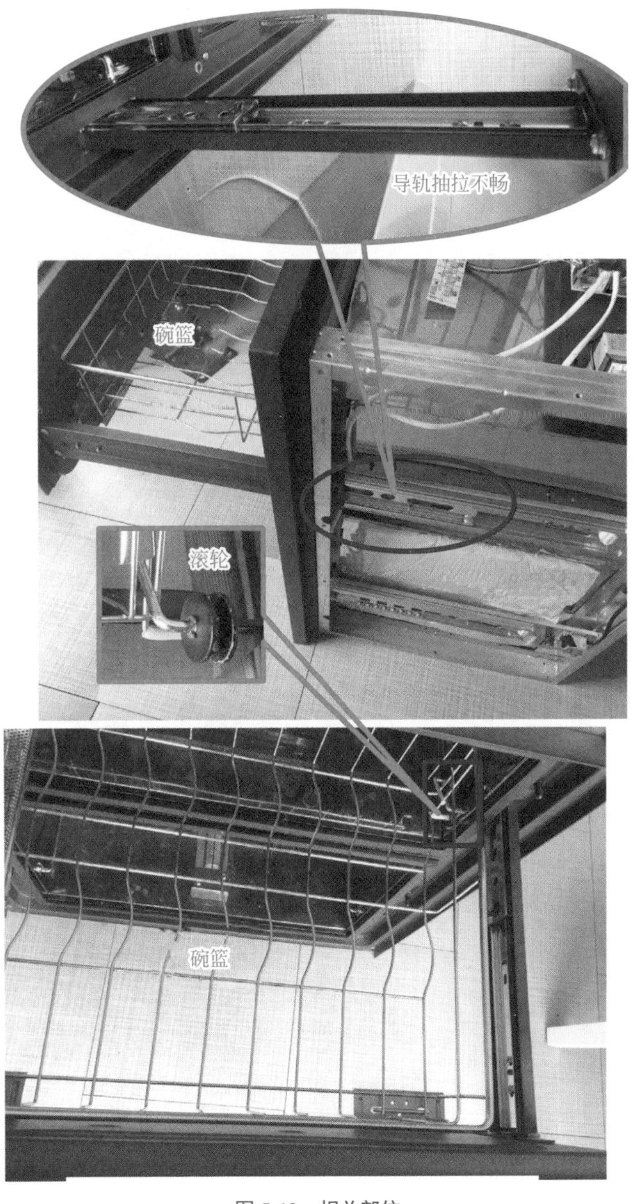


图 5-12　相关部位

故障处理：①食具均匀放置在层架各处并互相留有空隙；②调换温控器位置或更换温控器；③调换上、下发热管；④更换温度传感器；⑤更换主板。

消毒柜工作时间内消毒室内的温度受温控系统控制，使室内温度≥ 120℃维持 15 ~ 20min 高温消毒，所以消毒柜的高温消毒工作时间设定为 30min 包括冷却时间。

## 十七、消毒柜通电后有提示声，但无显示，面板按键也不能操作

故障原因：①主板和显示板的接插件与线路不良；②面板按键开关损坏；③显示板有问题。显示板与主板如图 5-13 所示。

图 5-13　显示板与主板

故障处理：①重插接插件或更换线路；②更换按键开关；③更换显示板。

当消毒柜上下室有两个温度传感器时，安装时不要将其接反。

# 第二节　各机型典型故障维修

## 一、海尔 ZQD100F-E60NU1 型消毒柜紫外线杀菌灯不亮

故障原因：①门未关严；②紫外线杀菌灯接触不良；③启辉器损坏；④紫外线杀菌灯损坏；⑤门控开关损坏。海尔 ZQD100F-E60NU1 型消毒柜电气原理如图 5-14 所示。

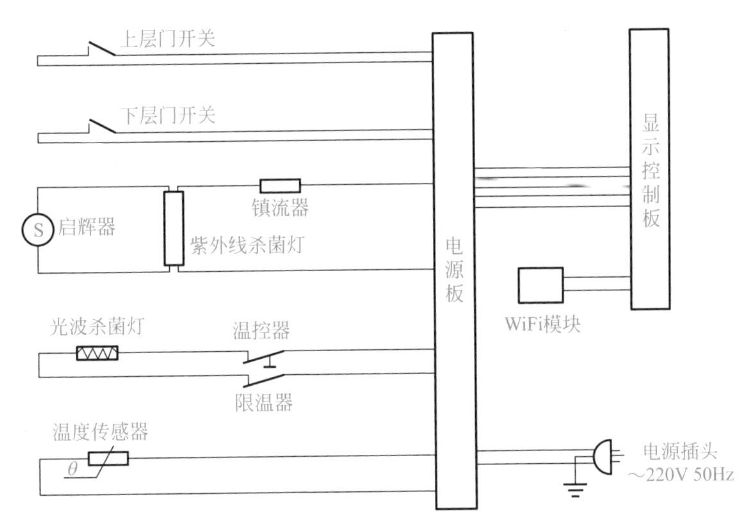


图 5-14　海尔 ZQD100F-E60NU1 型消毒柜电气原理图

故障处理：①将门关好；②旋转灯管，安装到位；③更换启辉器；④更换紫外线杀菌灯；⑤更换门控开关。

> **提示**
>
> 紫外线消毒灯的使用寿命一般为 8000h，如灯管在开启后出现不稳定或灯管两端变黑应及时更换。

## 二、海尔 ZQD109E-8 型消毒柜紫外线杀菌灯不亮

故障原因：①门未关严；②紫外线灯管接触不良；③启辉器损坏；④紫外线杀菌灯损坏；⑤上室门开关损坏。海尔 ZQD109E-8 型消毒柜电气原理图如图 5-15 所示。

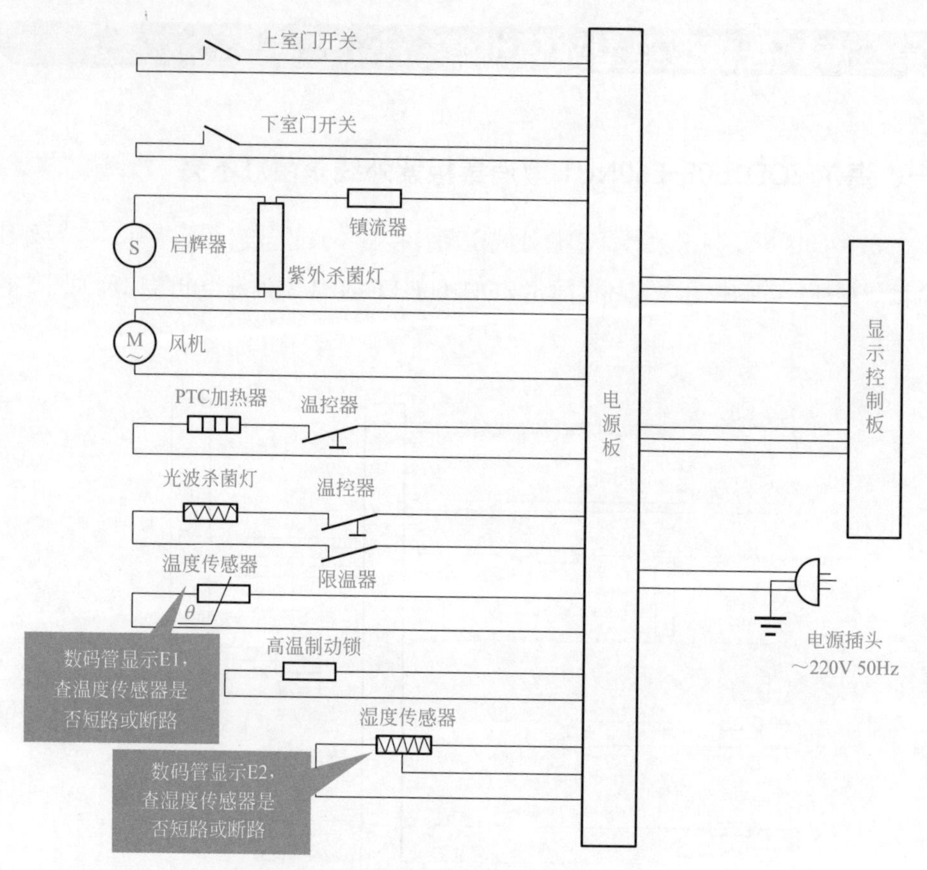


图 5-15　海尔 ZQD109E-8 型消毒柜电气原理图

故障处理：①将门关严；②旋转灯管，安装到位；③更换启辉器；④更换紫外线杀菌灯；⑤修复或更换上室门开关。

提示

若光波杀菌灯不亮，则检查接插件是否连接不牢、光波杀菌灯或下室门开关是否损坏即可。

## 三、华帝 ZTD90-90A2P5S 型消毒柜漏电

故障原因：①线路绝缘层有问题，如老化、破损等；②餐具未沥水或消毒柜长期工作在潮湿不通风的环境下使线路、控制板、按键板受潮漏电；③温控器有问题（如温控器或超温熔断器漏电、温控器橡胶护套老化等）；④镇流器电子元件烧坏短路；⑤电源主板上的变压器烧坏。电气原理图如图 5-16 所示。

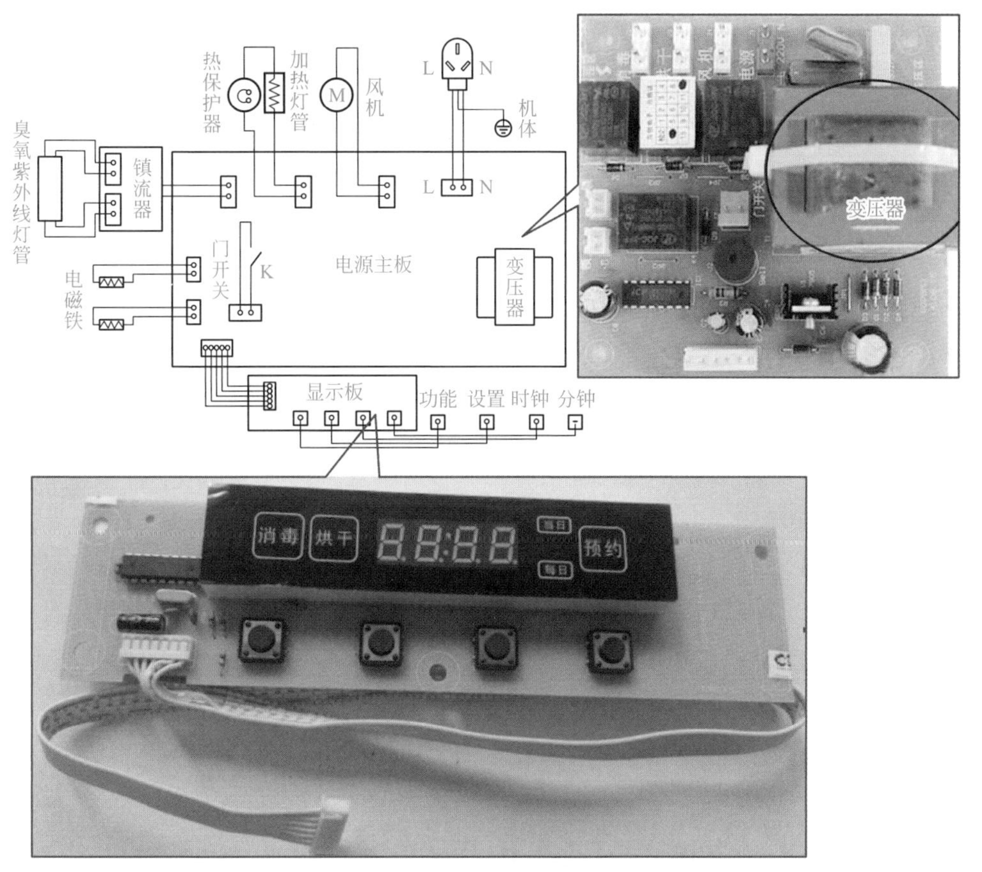


图 5-16　电气原理图

故障处理：①更换线路；②将受潮点处理好后，将消毒柜放置在干燥通风的地方；③更换温控器；④更换镇流器；⑤更换变压器或电源主板。

提示

使用消毒柜时，应把餐具的水沥干后再放进柜里去，以免消毒柜线路受潮漏电，另外还可缩短消毒时间，起到省电的效果。

## 四、华帝 ZTD90-90AP9 型消毒柜按消毒烘干键无反应，但按其他功能键均正常

故障原因：①消毒烘干按键本身有问题（如按键灰尘污垢过多卡死、导电塑胶损坏等）；②显示板有问题（如键控内部线路或元件有问题）；③电源主板上 CPU 虚

焊或损坏。

故障处理：①更换按键或将按键清洗干净；②修复或更换显示板；③修复或更换电源主板。

提示

键盘纵、横线的保护元件及抗干扰电容漏电、短路会引起按键失灵，此时可通过测量对地电阻或键盘触点电压来判定。

## 五、康宝 ZTP108（A-5H）型消毒柜臭氧及高温消毒均不工作

故障原因：①柜门未关好；②门控开关接触不良；③主板有问题（如电源进线接插件接触不良、熔断器 FUSE 熔断、电源变压器 T1 短路或损坏、整流二极管 D1 ～ D4 击穿、电源开关接触不良或损坏、电容 EC1 击穿短路、微处理器 IC1 及其外围元件有问题等）。主板如图 5-17 所示。

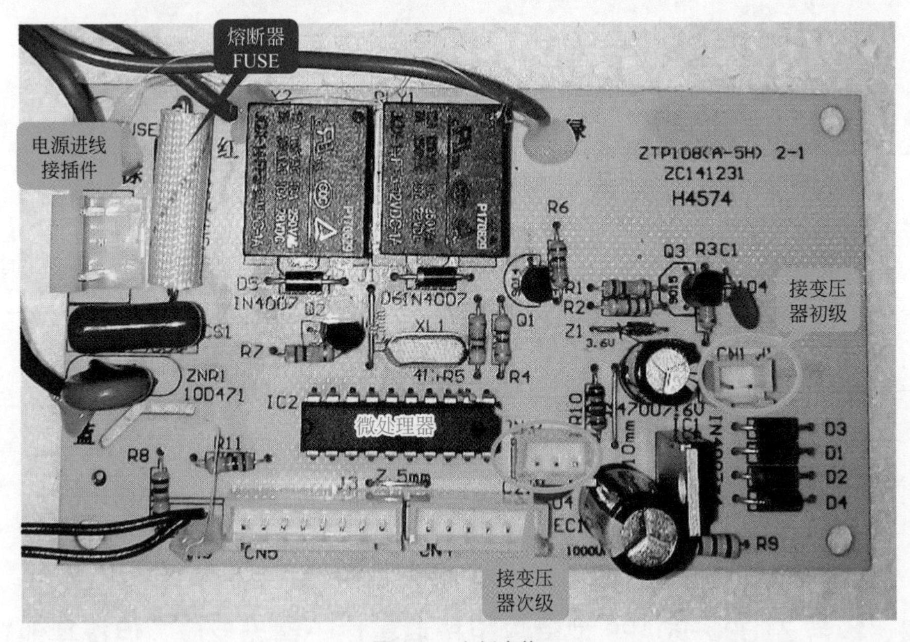


图 5-17　主板实物

故障处理：①将柜门关好；②调整或更换门控开关；③更换主板或损坏元件。

**提示**

该消毒柜为立式消毒柜，上层紫外线臭氧消毒、中温烘干；下层远红外线高温消毒；适合食具消毒用。

## 六、康宝 ZTP108A-5（H）型消毒柜通电按电源键无反应，也无显示

故障原因：①电源板供电 220V 和 5V 电压失常；②保险管熔断；③变压器与继电器有问题；④整流二极管 D1 ～ D4 不良；⑤ IC1（7805）及外围元件有问题；⑥主控 IC2 及其外围元件有问题；⑦按键显示板有问题。电源板与按键显示板如图 5-18 所示。

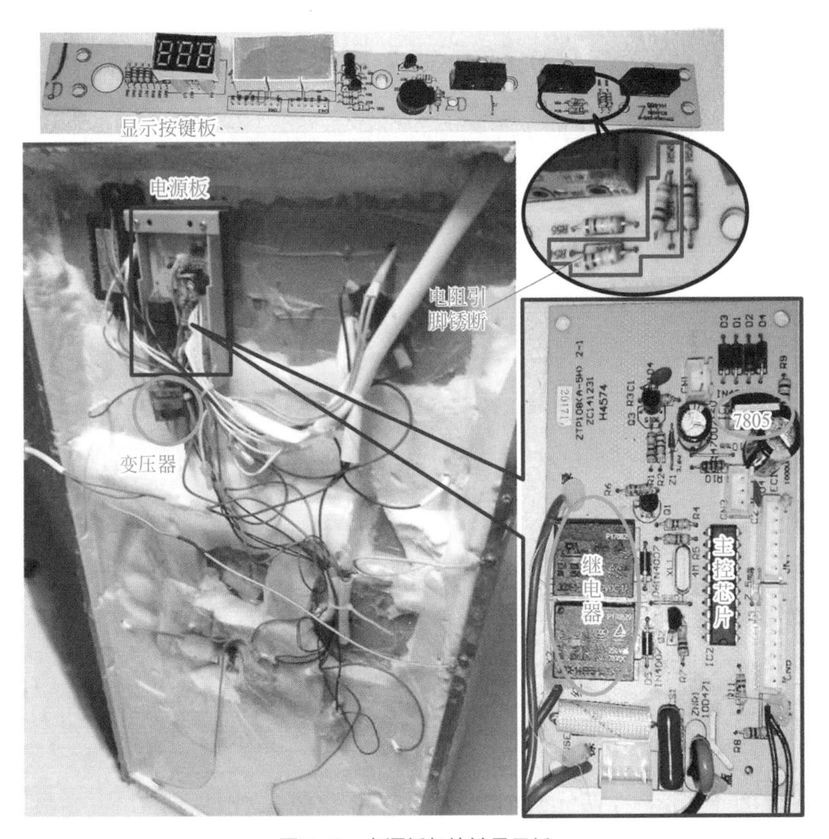


图 5-18 电源板与按键显示板

故障处理：本例查为按键显示板上有两个电阻（10kΩ）引脚锈断所致，更换两个 10kΩ 电阻后试机故障排除。

## 七、康宝 ZTP108E-11ER 型消毒柜按启动键后灯不亮，不能加热

故障原因：①电源线有问题或电源接插件不良；②按键开关接触不良；③保险管烧坏；④变压器烧坏、断路或引线焊接松脱；⑤继电器失灵或接触不良；⑥温控器接线脱落或触点接触不良；⑦电热管损坏；⑧主板内铜线锈蚀断裂。主板与按键显示板如图 5-19 所示。

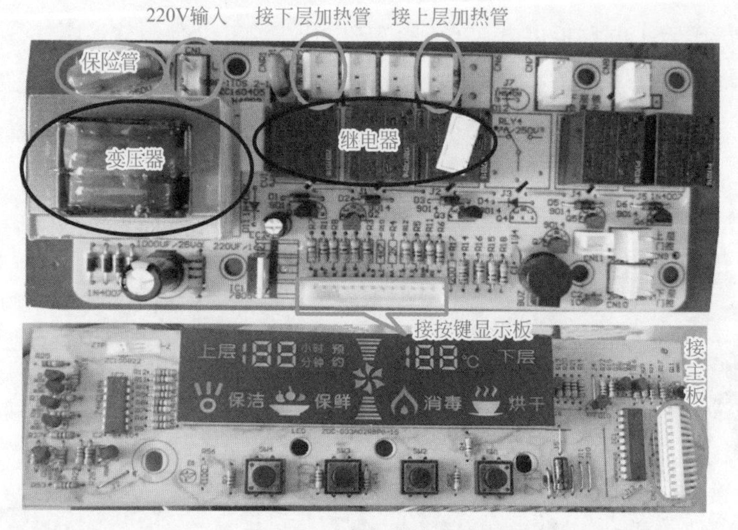


图 5-19 主板与按键显示板

故障处理：①修复或更换电源线及接插件；②修复或更换按键开关；③更换保险管；④更换变压器或焊接接通；⑤更换继电器或将触点用细砂纸打磨；⑥将脱落线头接好或打磨触点使其接触良好；⑦更换电热管；⑧更换或焊接主板。

**提示**

检查时要看是不是环境很潮湿，有无水滴进入按键板，导致按键板上电路短路，若有，则排除进水故障。当发现保险管烧坏后，应先查明保险管烧坏的原因（如电压不稳、保险丝本身问题、电路中有短路点），再更换新的保险丝。

## 八、康宝 ZTP108E-11P 型消毒柜不加热，显示代码 E2

出现此故障时，首先按消毒键，观察红外线消毒管是否发热；若不发热，则检查发热管是否损坏；若发热管正常，则检查温度传感器（见图 5-20）是否有问题，如探头位置不对、断线或损坏。

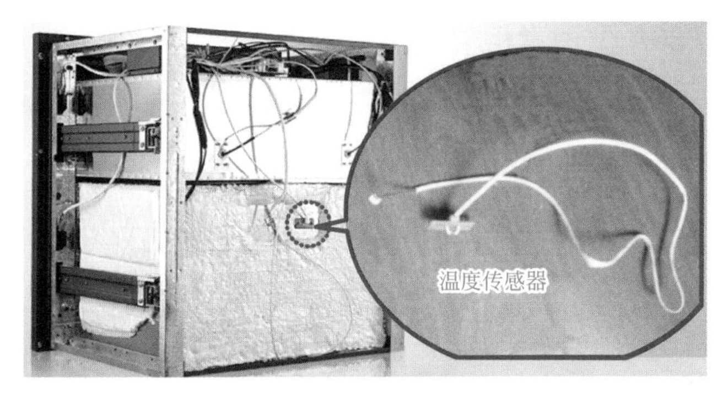


图 5-20　温度传感器

故障处理：此故障大多数是温度传感器损坏所致，更换温度传感器即可。

## 九、康宝 ZTP70A-33A 型消毒柜按键失灵

故障原因：①按键本身有问题；②按键潮湿或漏电；③按键板有问题（如元件存在漏电或短路、线路存在断线）；④主控板有问题。

故障处理：①更换按键；②清洁按键及按键板，并进行干燥处理；③更换按键板或损坏件；④更换主控板或损坏的元件。

提示

本例为按键开关 SW2（图 5-21）里面铜片已锈蚀所致，更换按键开关 SW2 或用砂布将锈擦干净后，再用酒精清洁一下即可。

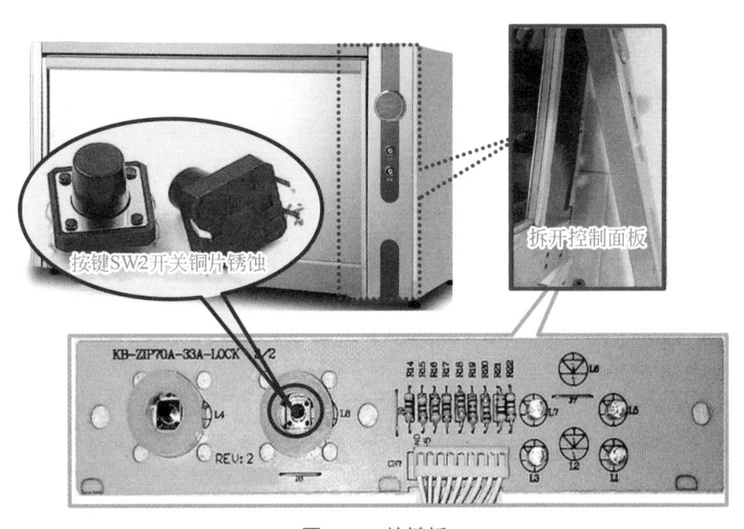


图 5-21　按键板

## 十、康宝 ZTP80A 型消毒柜臭氧消毒效果差

故障原因：①臭氧发生器输入导线、接插件接触不良；②臭氧发生器内部元件烧坏；③放电管衰老失效。康宝 ZTP80A 型消毒柜电路与臭氧发生器外形如图 5-22 所示。

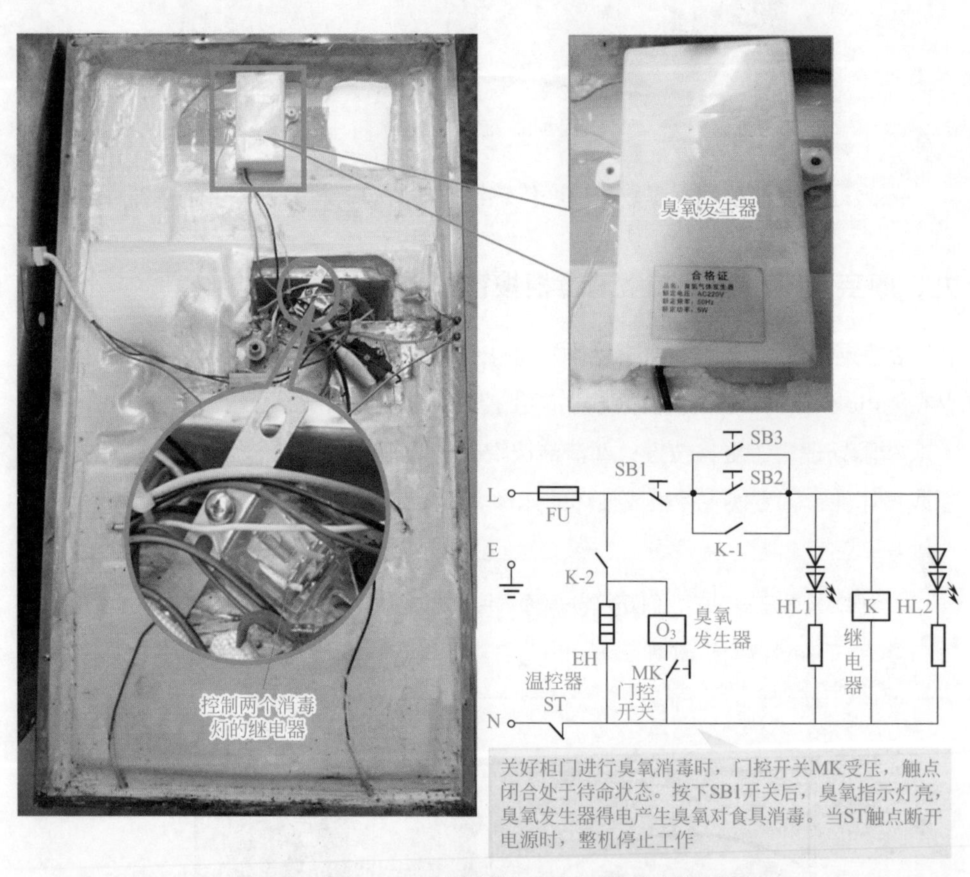


**图 5-22　康宝 ZTP80A 型消毒柜电路与臭氧发生器外形**

故障处理：①修复或更换接插件与导线；②更换臭氧发生器；③更换放电管。

**提示**

将臭氧发生器拆下，直接接入 220V 市电，若放电管不发蓝光，则说明其有漏气；若放电管只有极微弱蓝光，则表示已老化。

## 十一、康星 ZTP68-ED 型消毒柜臭氧消毒室不工作

故障原因：①柜门未关好；②门控开关接触不良；③臭氧发生器有问题；④主板有问题。相关部位实物如图 5-23 所示。

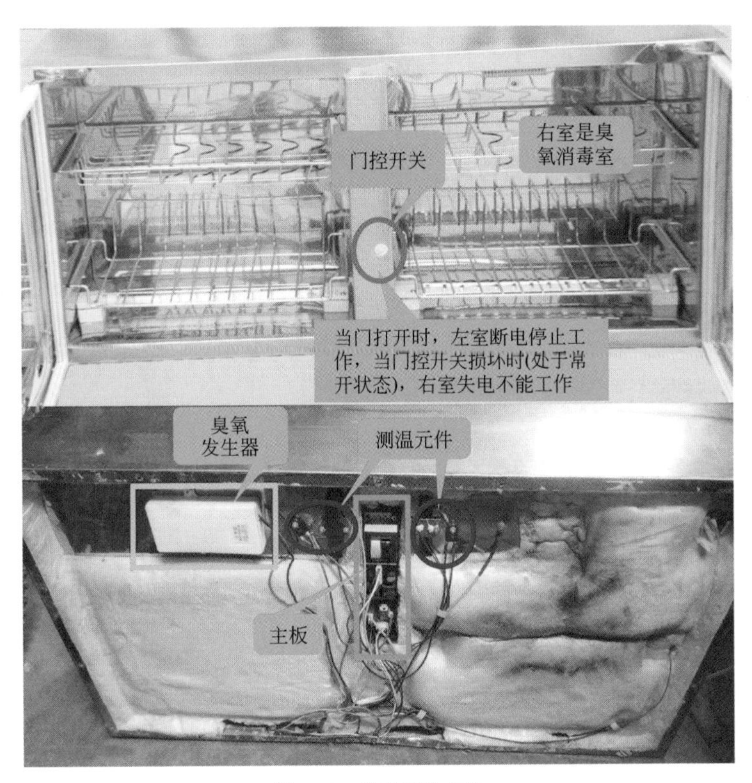


图 5-23 相关部位实物

故障处理：①关好柜门；②调整门控开关或更换门控开关；③更换臭氧发生器；④更换主板或损坏的元件。

提示

门控开关安装在右室（臭氧消毒室），作用是防止臭氧外泄。

## 十二、美的 MXV-ZLP80K03 型消毒柜按各功能键均无反应

故障原因：①门控开关有问题（门关上之后会自动按下，吸合接触点，电源供电电路接通；若消毒柜门无法碰到门控开关，则无法通电）；②超温熔断器损

坏；③主板有问题（查熔丝 FUSE1、主控芯片 U1 及其外围元件、变压器 T1 等元件）；④按键板损坏；⑤灯管问题（如灯管短路，引起熔丝烧坏）。相关部位实物如图 5-24 所示。

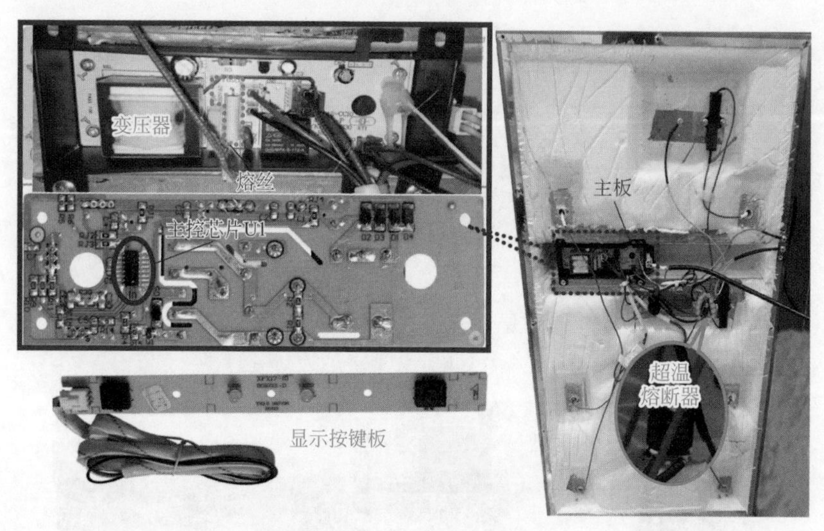


图 5-24　相关部位实物图

故障处理：①更换门控开关；②更换超温熔断器；③更换主板或损坏元件；④更换按键板；⑤更换灯管。

提示

一般此故障首先要检查是否通电了，消毒柜上的指示灯是否亮灯，其次检查门控开关、超温熔断器、电源板和显示按键板。

## 十三、美的 MXV-ZLP80K03 型消毒柜消毒时间太长

故障原因：①柜门关闭不严或门封变形；②石英发热管损坏或老化，热效率降低；③ KSD1 温控器失灵；④市电电压过低。相关部位实物如图 5-25 所示。

故障处理：①调整门铰座固定螺钉或更换门封；②更换石英发热管；③更换温控器；④安装稳压器。

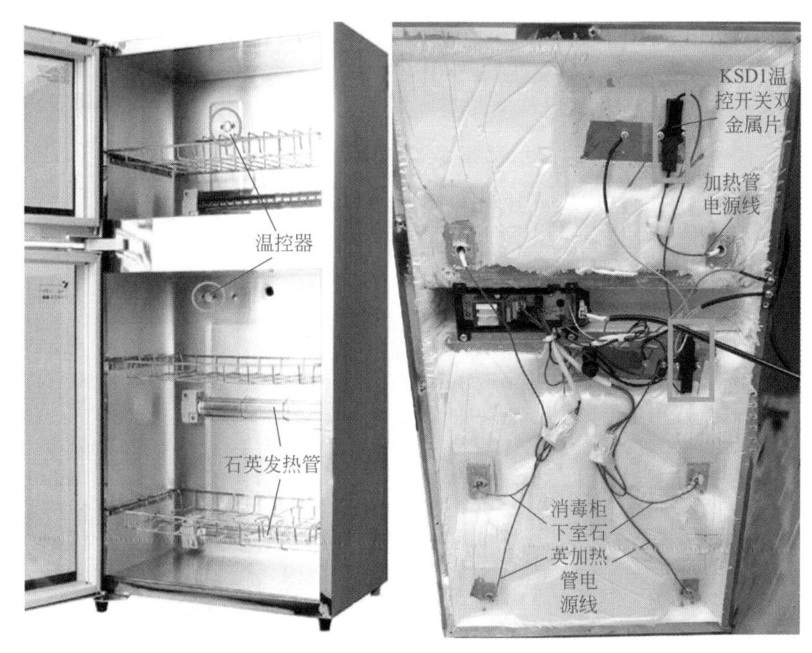


图 5-25　相关部位实物

提示

KSD1 温控开关安装在层架之上，起到控温作用。消毒柜正常工作时，KSD1 温控开关双金属片处于自由状态，触点处于闭合状态；当温度达到动作温度（80℃）时，双金属片受热产生内应力而迅速打开触点，切断电路，从而起到控温作用。

## 十四、美的 MXH-ZGD45E4 型消毒柜有时不能开机

维修过程：首先拆开机壳，检查门上的电磁锁是否损坏；若没有，则检查继电器是否有问题；若继电器正常，则检查整个线路是否存在短路；若线路正常，则检查单片机 HT48R06A 及其外围电路是否有问题。

故障处理：实际维修中因单片机的唤醒功能有故障而导致此故障。如果是采用待机方式，任何一个中断被触发，均能唤醒单片机。

提示

单片机进入休眠时，要唤醒，常常使用引脚电平变化中断或者外部 INT 中断。若是前者，按键按下时会唤醒，按键抬起时也会唤醒。如果此时还有别的中断，两种中断就会冲突。

## 十五、美的 MXV-RLP60F1 型消毒柜通电后，按任何键均无反应

故障原因：①检查电源线及插座有问题；②柜体背面的温度保险烧坏；③变压器有问题（如变压器烧坏、内部线圈短路等）；④主板有问题［如主板上熔断器 F1 熔断、整流管（D1、D2）与稳压二极管（ZD1、ZD2）不良、滤波电容 C2 损坏、CPU 及外围元件有问题等］；⑤按键板有问题。相关部位如图 5-26 所示。

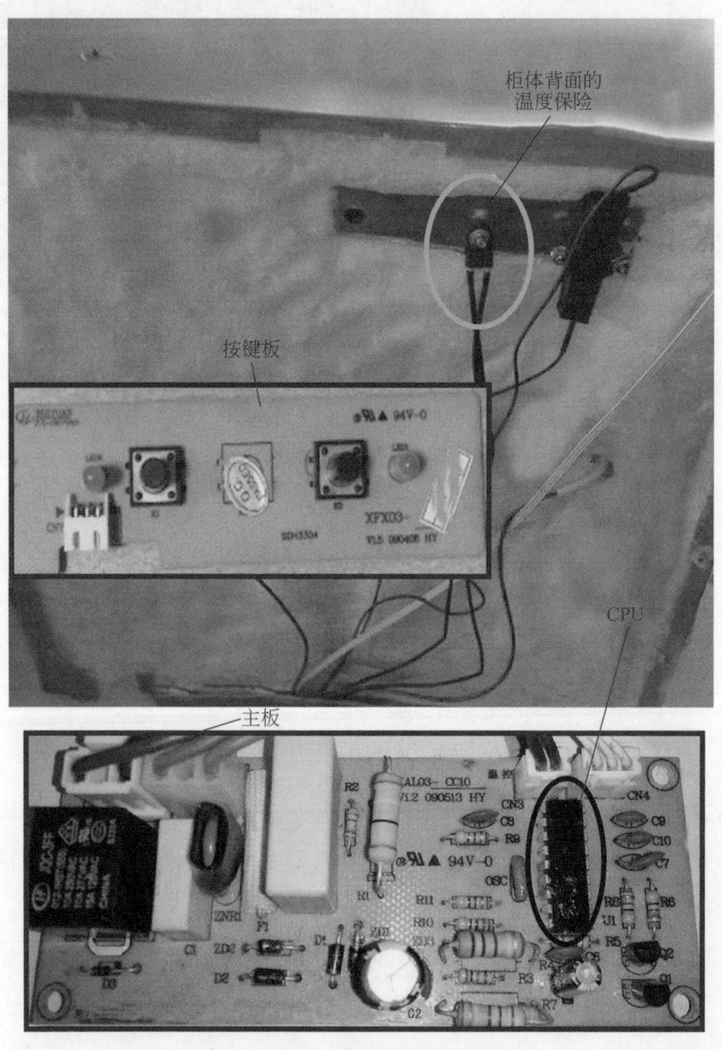


图 5-26 相关部位实物

故障处理：①修复或更换电源线与插座；②更换温度保险；③更换同型号变压器；④更换主板或损坏件；⑤修复或更换按键板。

> 提示
>
> 当变压器损坏后，更换原型号变压器后，应再把所有线路检测一下，确定无短路的状态后，再通电试机，以免损坏新更换的变压器。

## 十六、美的 MXV-ZLP80M5 型消毒柜按消毒键时石英加热器不工作，但黄色指示灯亮

故障原因：①石英加热器本身有问题（如发热管断裂、引脚接头烧坏、连接线断开等，若目测正常，再用万用表测量发热管是否开路，测不通为发热管损坏）；②主板有问题（通电并按消毒按键时测微处理器 U1 SH69P20B 17 脚输出电压是否为低电平，且是否有电压加到控制管 Q4 基极，继电器 RL3-1 常开触点是否闭合，检查石英加热器控制电路中控制管 Q4、继电器 RL3 等元件是否有问题）。主板及相关电路如图 5-27 所示。

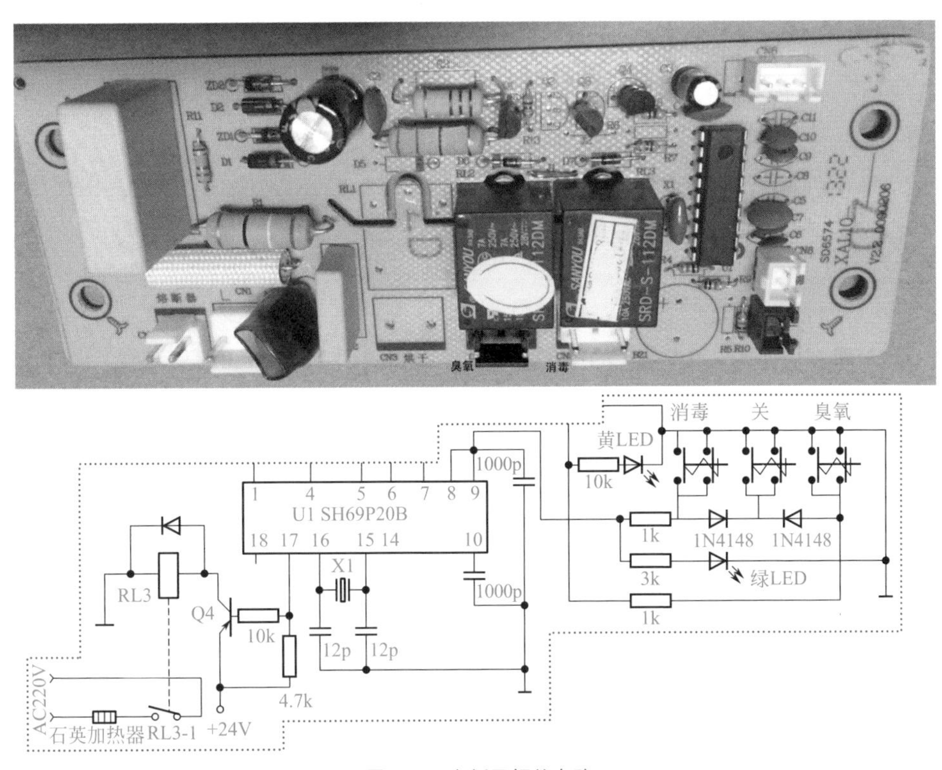


图 5-27 主板及相关电路

故障处理：①更换石英加热器；②更换主板或损坏元件。

提示

按下消毒开关键后，220V 市电经超温熔断器 FU、门控开关 SA 加至继电器 RL3 使其吸合，常开触点 RL3-1 闭合并自保，高温指示灯亮；同时，另一组常开触点 RL3-2 闭合，发热管得电发热，使高温消毒柜升温。

## 十七、美的 MXV-ZLP80M5 型消毒柜臭氧发生器不工作

故障原因：①门控开关 SA 接触不良；② FR 温控不良；③臭氧发生器损坏；④主板有问题［通电按下启动开关臭氧发生器工作，测微处理器 U1（SH69P20B）的 17 脚、18 脚电压是否正常，臭氧发生器的 220V 交流供电控制驱动电路中控制管 Q3、继电器 RL2 等元件是否正常］。

故障处理：①修复或更换门控开关；②修复或更换 FR 温控；③更换臭氧发生器；④更换主板或损坏元件。

提示

臭氧消毒电路工作状态受控于 RL2-2 及 FR 温控，因此，只有使高温消毒电路接通电源，臭氧消毒电路才能投入工作；当高温消毒结束时，臭氧消毒随之终止。

## 十八、美的 MXV-ZLP90Q05 型消毒柜通电后按启动键灯不亮，也不能加热

故障原因：①电源插头插座接触不良或电源线断线；②电源控制板有问题（如控制板上接插件松脱、继电器失灵或接触不良、熔断器熔断、变压器烧坏或引线焊接松动、线路板内铜线锈蚀断裂、主控 IC 及外围电路有问题等）。电源控制板如图 5-28 所示。

故障处理：①更换插座及电源线；②修复或更换电源板。

提示

该机电气原理如图 5-29 所示。

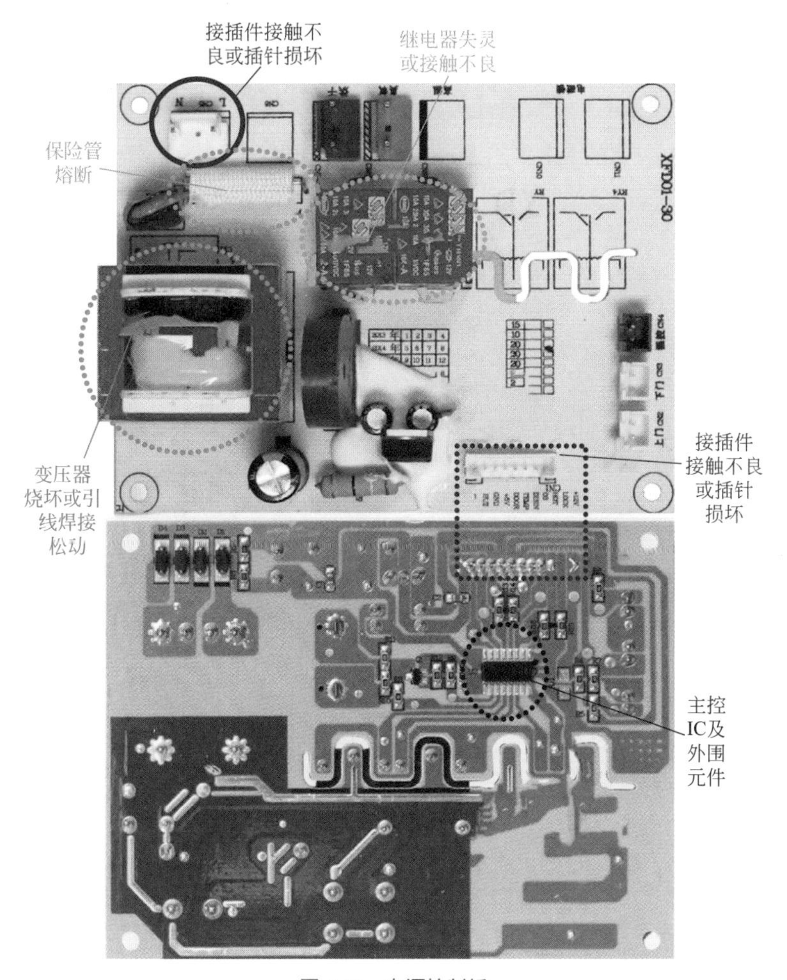


图 5-28　电源控制板

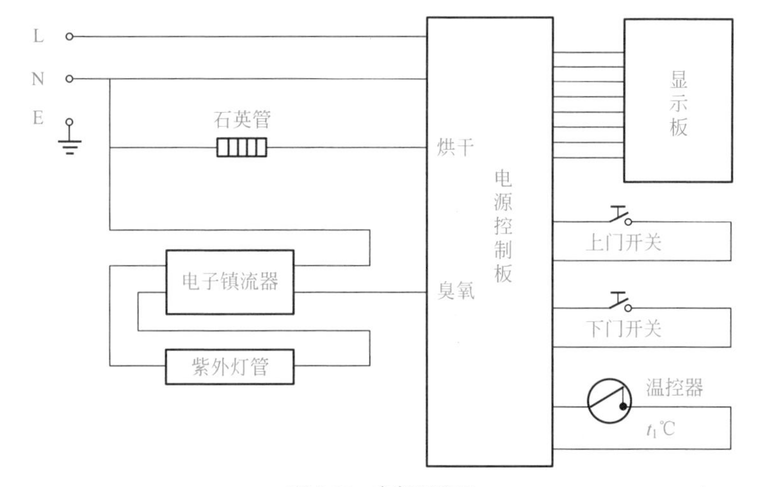


图 5-29　电气原理图

## 十九、美的 MXV-ZLP90Q07 型消毒柜臭氧紫外灯管不工作

故障原因：①门未关好或门开关损坏；②接插件接触不良；③臭氧紫外灯管损坏；④主板有问题。美的 MXV-ZLP90Q07 消毒柜电气原理图如图 5-30 所示。

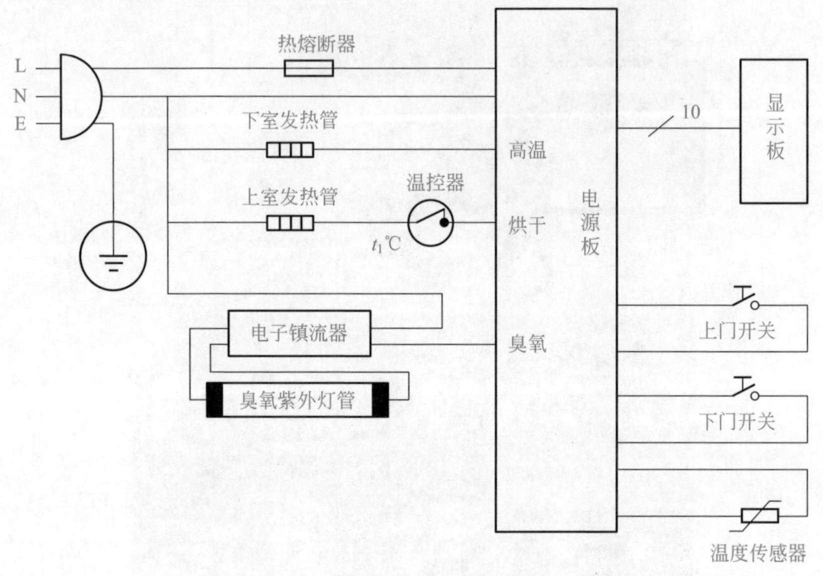


图 5-30 美的 MXV-ZLP90Q07 消毒柜电气原理图

故障处理：①将门关好或更换门开关；②重插或修复接插件；③更换臭氧紫外灯管；④更换主板。

**提示**

消毒柜里的臭氧是臭氧发生器产生的，臭氧发生器通过电学原理产生高压；高压达到一定程度后空气被击穿，空气中的分子被电离，其中的氧气分子被电离后产生由三个氧原子结合而成的臭氧分子。

## 二十、苏泊尔 ZTD100S-501 型消毒柜不能臭氧消毒

故障原因：①门控开关未接通；②连接线路脱落或断裂；③紫外线灯管未旋到位或损坏；④微电脑控制板臭氧发生器输出端无电流输出；⑤臭氧发生器无输入。苏泊尔 ZTD100S-501 型消毒柜电气接线如图 5-31 所示。

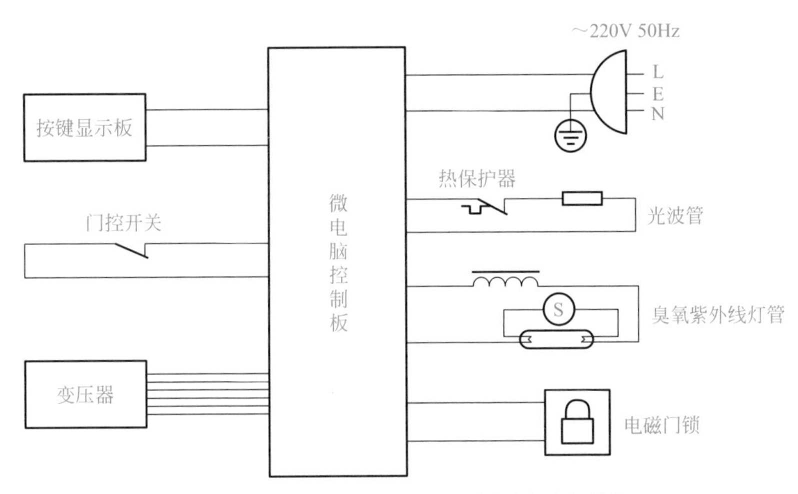


图 5-31 苏泊尔 ZTD100S-501 型消毒柜电气接线

故障处理：①修复或更换门控开关；②重新接线；③将紫外线灯管旋到位或更换紫外线灯管；④更换微电脑控制板；⑤更换臭氧发生器。

> **提示**
>
> 消毒柜臭氧发生器输出电压为 5000 ~ 10000V，出故障一般是高频振荡电路里面的开关三极管损坏引起的。

## 二十一、万和 ZLP68-10 型消毒柜启动左边消毒后几分钟就停止，重新按开关继电器能工作，但几分钟后继电器跳开，不能消毒

维修过程：首先拆开机壳，检查温度控制器（80℃）是否损坏；若温度控制器正常，则检查继电器是否有问题。

故障处理：实际维修中因继电器一组自保持触点接触不良而导致此问题，更换一个新的继电器故障即可排除。

> **提示**
>
> 继电器是用 12V 或 6V 直流电来控制 220V 工作电压的一种器件。在消毒柜中应用得较多的是继电器常开触点，只有加上 12V 或 6V 直流电时才能使常开触点吸合，因触点频繁断开和吸合，触点易出现烧蚀或粘连现象，造成吸合不通电或吸合后就断不开的故障，此时应更换新的继电器。更换新的继电器时应注意看继电器上的电参数，必须更换相同电参数的优质继电器。

## 二十二、万和 ZTD90E-1 消毒碗柜按下高温消毒键发热管不工作，指示灯亮

维修过程：出现此故障时，首先用万用表测量发热管的电阻值是否正常，若电阻值为无穷大，则说明发热管电阻丝已断；若发热管正常，则检测电源板（见图 5-32）上发热管输出端连接线是否插接良好；若连接线良好，则检测电源板发热管输出端是否有电压输出，没有电压输出则说明问题出在电源板上。

图 5-32　电源板

故障处理：本例故障一般是发热管问题比较常见，更换发热管即可。

**提示**

由于指示灯能点亮，说明整机的供电电压基本正常，电源板上主控 IC 也能正常工作，故障的部位通常多与石英加热器的 220V 交流供电控制驱动电路有关。

# 第六章

# 消毒柜维护保养

# 第一节 日常养护

## 一、消毒柜的日常清洁方法

① 清洁前，必须先拔掉电源插头，确保机器已经停止工作，并等待机器处于冷却状态后，将柜内所有餐具、碗架全部取出来，再进行清洁保养工作。

② 内腔的清洁。清洗内腔污渍时可用湿布轻轻擦掉，再用拧干的湿布擦拭周边；若消毒柜污垢较严重，可用软棉布（或海绵）蘸中性清洁剂进行清洁，再用清洁干净湿布抹净，最后用干布将水擦干。清洁柜内时，注意电气开关盒内不能流入清洁液，否则十分危险。

③ 清洗碗架。清洗碗架时可用混合中性洗涤剂的温水泡一泡，然后用清水冲洗，抹干即可。

④ 外部的清洁。检查柜门封条的清洁以及密封度，门缝里的杂质可以用筷子缠上软布从上到下将杂质除尽。柜体表面用蘸有中性洗涤剂的湿软布擦去污垢，再用干布擦去残留的洗涤剂即可。

⑤ 清洁时忌用热开水、稀释剂、汽油、酸碱性洗涤剂及其他有机溶剂、去污粉等有毒、腐蚀性的清洁剂擦拭，以免损坏涂层。清洁时，内外表面可用软棉布（或海绵）蘸中性清洁剂擦拭。

## 二、消毒柜的维护与保养

① 立式消毒柜在摆放时不要离墙壁太近（距墙不宜小于30cm），同时应水平放置在周围无杂物的干燥通风的房间内，避免消毒柜潮湿发霉。

② 消毒柜是专门为消毒厨具而生产的，其他东西不能放进消毒柜内消毒，避免发生危险。

③ 定期清洗：消毒柜应定期清洁柜内及外表面，使消毒柜保持干净卫生。在对消毒柜进行清洁保养时，应将柜体下端集水盒中的水倒出并进行洗净。在清洁消毒柜时需要先断开电源，用干净的湿布擦拭柜体，切忌用水直接冲淋消毒柜；清洁时不要撞击加热管或臭氧发生器。

④ 严禁直接泼水喷淋内外箱体，以免电路绝缘不良而产生触电危险。

⑤ 为延长使用寿命，应及时清理柜内（内胆、碗架等）部件表面脏污、水渍、

积水等。

⑥ 放进消毒柜中的餐具必须先洗干净，将水擦干才能放进柜内，以免导致消毒柜里的各电气元件及金属表面受潮氧化。如在红外发热管管座处出现接触电阻，易烧坏管座或其他部件，缩短消毒柜的使用寿命。

⑦ 消毒柜使用一段时间后，要对内部的发热管、面板、柜门等进行检查，尤其是要经常检查柜门封条是否密封良好，以免热量散失或臭氧溢出，影响消毒效果。因此，当发现密封条出现问题时，一定要及时更换。

⑧ 消毒柜长期不使用，柜内会产生潮湿的空气，若这些潮湿空气没有及时排出，便会对臭氧发生器、红外线发热管和光波发热管等产生影响，且柜内的各种餐具上也会滋生细菌；因此，消毒柜需要经常通电去除柜内潮湿的空气。一般情况下，每隔两天最好通电消毒一次或者一个星期通电消毒两次，这样既能起到杀菌消毒的作用，又能避免潮湿空气对消毒柜箱体等其他核心部件的侵蚀，以延长消毒柜的使用寿命。

⑨ 定期做好检查，如部分零部件有损坏，一定要及时更换，以免影响消毒柜的正常使用及对人体损害（如使用时紫外线或臭氧泄漏，会对人体健康造成损害）。

⑩ 使用时，如发现石英加热管不发热，或听不到臭氧发生器高压放电所产生的“吱吱”声，说明消毒柜出了故障，应停止使用，送维修部门修理。

⑪ 若使用中发现远红外线石英管表面不呈红色，说明远红外石英发热元件烧坏。此时可断电，拆下发热元件，用同规格、同尺寸新管进行更换。

## 第二节 专项保养

消毒柜的专项保养是指消毒柜使用一段时间后，对消毒柜易损件、运行机构、电路老化等的保养。特别是商用消毒柜日常使用频繁，更应进行专项保养，以确保消毒柜的使用安全和延长消毒柜的使用寿命。

### 一、消毒柜易损件的专项保养

消毒柜易损件的专项保养主要是指对消毒柜紫外线消毒灯管老化、光波管老化、光波管接头锈蚀、密封圈老化等易损件的保养。

当紫外线灯老化后，虽然紫外线灯管还是亮的，但灯管两端发黑，如图 6-1 所示。其发出的紫外线强度已不够，其消毒功能则大打折扣。当检测到紫外线管光强不够时，应及时更换新紫外线管，一般情况下，使用了三年的紫外线管是需要在专项保养中换新的。

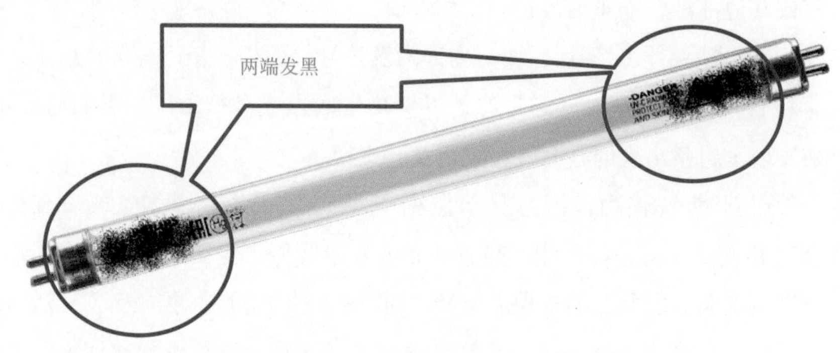


图 6-1　紫外线灯管两端发黑

当光波管老化时，光波管发热强度不够，会出现光波管两端严重发黑现象，如图 6-2 所示。高温消毒时间会比新机要长一些，出现此种现象时应进行专项保养，及时更换新的光波管。另外光波管的接头因长期处在高温和高湿的环境中，容易出现锈蚀现象，使光波管的接触电阻变大，功率减小，光波管的发热强度不够。在专项保养中，应采用冷压钳更换新的光波管接头，重新接好光波管两端的连线。

图 6-2　光波管两端发黑

消毒柜的密封圈在使用了一段时间后，会出现老化变性现象，出现臭氧微泄漏故障，此时应进行密封圈的专项保养，拆除旧的密封圈，更换新的密封圈。一般情况下，消毒柜的密封圈使用五年之后会老化变性，应及时更换新的密封圈。

## 二、消毒柜运行机构的专项保养

消毒柜运行机构主要是消毒柜的滑轨，滑轨上有润滑脂，使用一段时间后，滑轨上的润滑脂干涸变性，不能起到润滑的作用，从而造成消毒柜的抽屉柜出现运行不畅的现象。在专项保养中滑轨的滚珠（图 6-3）要重新涂抹润滑脂，以保持抽屉柜进出自如且无噪声。

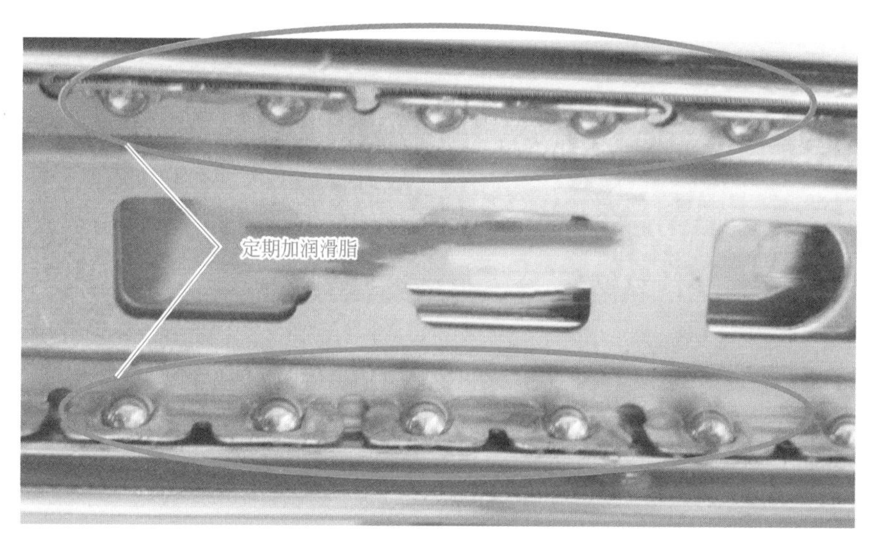


图 6-3　滑轨的滚珠定期加润滑脂

## 三、消毒柜电路老化的专项保养

消毒柜电路老化主要是指消毒柜使用一定时间后，由于电路绝缘层的老化造成消毒柜轻微带电，此时应及时进行专项保养，以确保使用安全。判断消毒柜是否轻微带电，可用带 NCV 功能的钳形电流表检测消毒柜的柜体；若检测柜体时钳形表频繁报警，则说明该消毒柜存在电路老化漏电现象，应及时检测并更换相关部位的绝缘套。例如高温熔断器外面的绝缘套、温度传感器固定部位的绝缘垫片、电路板固定螺钉上的绝缘垫圈等老化变性（图 6-4）。在专项保养中要及时更换新的绝缘件，直到消毒柜外壳不带电为止。

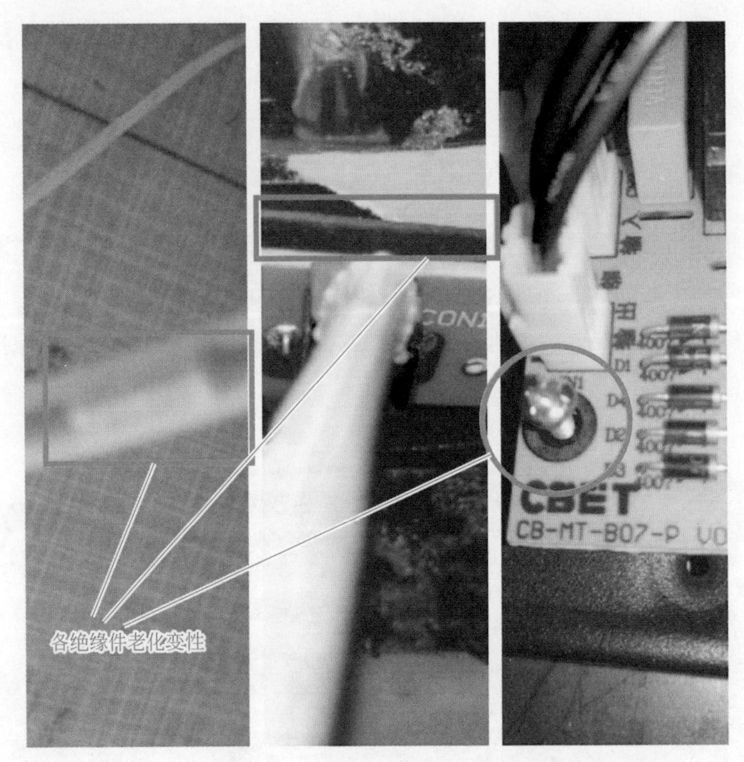


图 6-4　消毒柜电路绝缘件老化变性

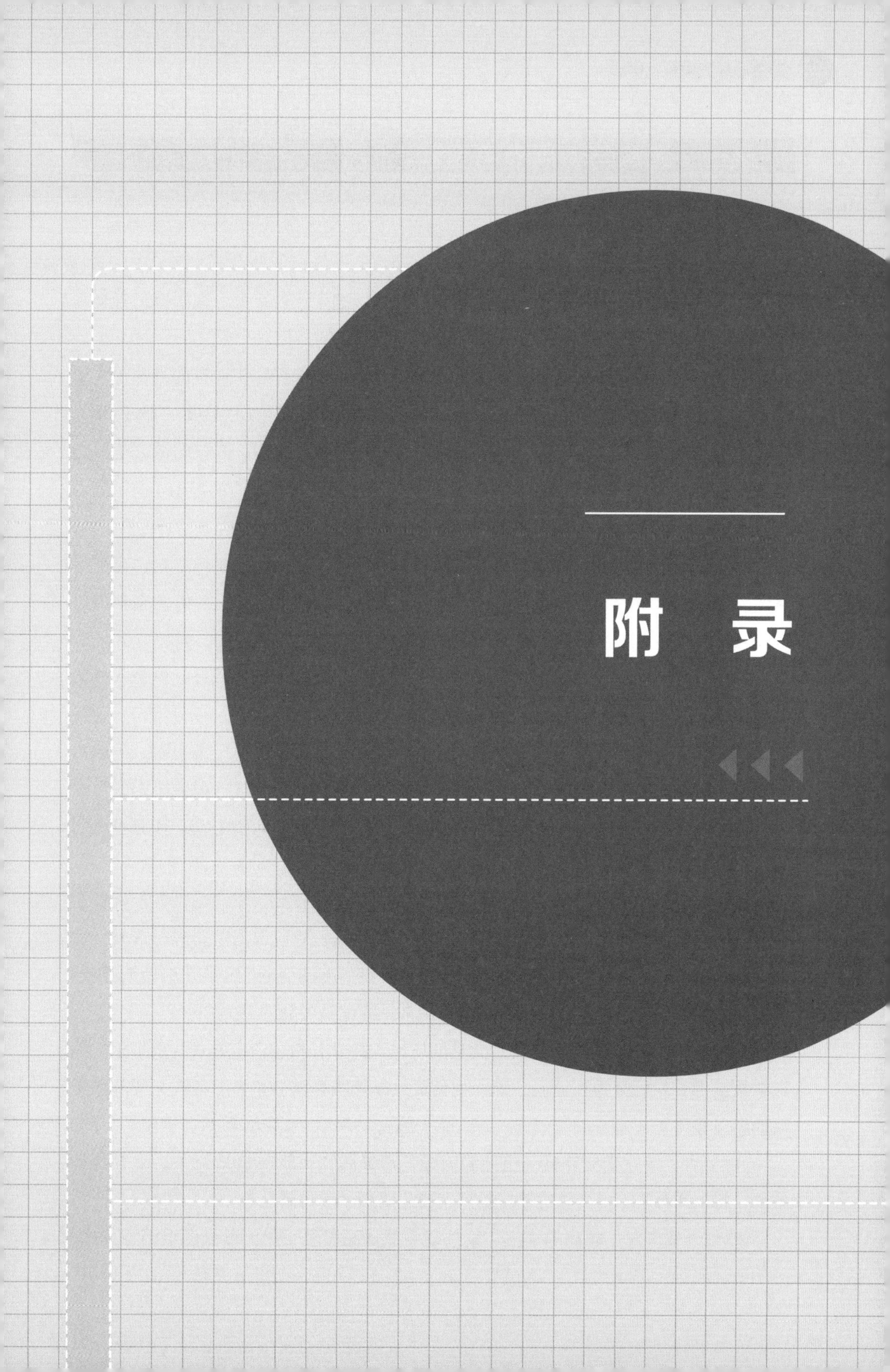

# 附录

# 附录一　选购与使用参考资料

## 一、消毒柜的选购

（1）尺寸大小　首先确定所买消毒柜的尺寸，这个比较重要。在选择消毒柜之前，先要确定消毒柜预留位置，再进行选购。

（2）容积　根据家庭人口及所需放置的餐具数量来选择容积适宜的消毒柜。市场上的消毒柜容积有30L、50L、60L、70L、80L、90L、100L、110L、150L等规格。一般三口之家选择600W、50～70L左右就足够了；而四、五口的话，就要选择70～90L；若家里人口数在6人以上，则需要选择更大容积的消毒柜（如果嵌入式消毒柜容量不足，则可选择立式消毒柜）。

（3）品牌　消毒柜的品牌很多，选购消毒柜时尽量选择正规生产厂家，有注册商标、生产厂家厂名、地址、卫生许可证等信息的。不正规厂家生产的消毒柜虽价格便宜，但其安全性、技术性和质量都得不到保障。

（4）价格　消毒柜的价格差异很大，一般选择价格适中的比较好，价格太低的话，往往质量无法保证。

（5）款式　消毒柜的款式有单开门（一般只有一种消毒功能）、双开门（一般为两种或两种以上消毒方式的组合，双门适合家庭使用）、嵌入式（一般大家都会选择嵌入式消毒柜，因为嵌入式比较节省空间，不会占据厨房太多的地方），还有不透明的门和透明的门之类等，可根据自己的需要和喜好来选择。

（6）根据个人需求　购买的消毒柜内部主要要摆放什么，不同的消毒柜配置还是有些差异的，有些是比较适合放碟子，有些则不是，故应根据需要进行选购。另外消毒物品不同，选择的消毒柜也不同，比如一般的碗筷消毒柜、婴儿奶瓶消毒柜、茶杯消毒柜、衣物消毒柜等，最常用也是最常见的就是餐具消毒。

（7）消毒方式　根据家庭使用餐具的质地选择具有相应消毒方式的消毒柜。消毒柜按消毒方式可分为：臭氧、紫外线臭氧、红外线高温、超高温蒸汽、紫外线臭氧加高温等类型。

① 臭氧、紫外线臭氧属于超低温消毒，消毒温度一般在60℃以下，适合各类餐具，特别适合于不耐高温的塑料餐具、婴儿奶瓶、玻璃制品等。

② 红外线高温、超高温蒸汽、紫外线臭氧加高温属于热消毒或多重消毒方式，

消毒温度一般在100℃以上，消毒效果好，适合于陶瓷、耐高温玻璃器皿、不锈钢或搪瓷等耐高温的餐具。

（8）节能　加热时间的长短及其工作的稳定性，直接关系到电能的耗费。一般来说，电脑消毒柜采用恒温消毒，用最佳的温度和最短的时间完成消毒过程，从根本上解决省电问题，可大大降低使用成本。

（9）外观材料　根据放置的位置选择适当材料外壳的消毒柜。若摆放在厨房内，则选择外壳为不锈钢材料的，便于清洗；若摆放在客厅，则外壳选用静电喷塑或带玻璃门的消毒柜。

（10）导轨　消毒柜抽屉的导轨，一般分为内导轨和外导轨两种（见附图1）。因为导轨拉动要用润滑油，内置式导轨在消毒加热时，润滑油会导致二次污染，外置式导轨就不存在这个问题，所以选择消毒柜时一定要看导轨是否外置。

外置式导轨设计　　内置式导轨设计

附图1　外导轨与内导轨

（11）消毒星级　目前，国标消毒最高为二级，消毒比较完全。

## 二、消毒柜安全使用注意事项

为了保证使用安全，避免对自己和他人造成伤害和财产损失，务必遵守以下安全注意事项。

① 电源插座必须有可靠的接地线，用户不得擅改插头，严禁无接地运行。不要使用松动或接触不良的电源插座，以免导致触电、短路及起火。

② 不要用220V以外的交流电，以免导致火灾、触电或工作失常。

③ 使用电源线时不得弯曲、拉伸、扭转、打结，不得用重物挤压、夹击电源线。电源软线不得自行更换和改制；如果电源软线损坏，必须由专业人员更换。

④ 单独使用额定电流 10A 以上的插座，并可靠接地。

⑤ 拔出插座上的插头时，必须手握插头的端部将其拔出，不要手拿电源线拔插头，以免发生触电、短路、起火等危险。

⑥ 非专业维修人员不能私自改动内部布线，否则有可能发生异常情况而导致人身受伤，修理不妥还可能发生触电或火灾。

⑦ 不得私自拆卸修理。如电源线损坏，必须由专业人员来更换，以避免危险。

⑧ 不要将消毒柜浸泡在水中或对消毒柜喷水，以免导致短路或触电的危险。

⑨ 不要让儿童使用，且在使用过程中不能让儿童触及消毒柜，以免造成烫伤、触电或其他意外伤害。

⑩ 开关门时不要用力过大或使尖锐物体作用于玻璃，以免造成玻璃碎裂。使用中不要触摸门体玻璃表面，以免烫手。

⑪ 在使用前必须取出柜内纸皮，去除层架上的尼龙扎带，撕去保护膜，避免着火。

⑫ 消毒过程中严禁开门，否则不仅影响消毒效果、延长消毒时间，更会造成臭氧泄漏或紫外线辐射。消毒柜工作时严禁触摸抽屉玻璃或抽屉面板，以防烫伤。

⑬ 消毒柜工作结束 20min（臭氧消毒 10min）后才能把门打开，以免被烫伤或臭氧泄漏，影响消毒效果。

⑭ 使用臭氧消毒柜时要注意臭氧发生器是否正常工作，若听不到高压放电的“吱吱”声或看不到放电蓝光，说明臭氧发生器可能出现故障，应及时维修。

⑮ 如在使用过程中发现臭氧泄漏或不经过任何透光物体（如玻璃等）可直接看到紫外线灯管发出的光线时，应马上停止使用，通知专业人员进行维修。

⑯ 如果臭氧紫外线灯管或石英发热管损坏，或用至使用寿命极限时，应联系特约维修中心更换相同规格的紫外线灯管或发热管。

## 三、消毒柜的使用

（1）开门　门体只能拉开到一定的长度，门体自然开到最大长度后，有定位止挡，不能用力拉门，以免损坏门体。

（2）建议不要空载使用　空载使用会影响产品寿命。

（3）消毒柜要常通电　消毒柜可代替普通碗柜，并起到避免洁净碗筷二次污染的保洁作用。但是，虽说消毒碗柜的密封性比较好，若里面的红外管长期不发热，柜子里的潮湿空气难以及时排出，附着在餐具上的霉菌照样会滋生，危害人体健康。

（4）放入餐具

① 根据不同材质的餐具选择适当的消毒方式，打开柜门后，将餐具竖直放在搁架上，竖直放置不下的餐具可平放或倾斜放置，注意餐具放置不宜过密，餐具之间应留有间隙，餐具不要挤在一起摆放（见附图 2），否则影响消毒效果。

附图 2　餐具的摆放

② 把食具上的水倒净后才能放进柜内，过多的水会导致柜内的电器和金属元件受潮，并且氧化，易烧坏灯管等部件，从而缩短消毒柜的使用寿命。

③ 餐具上的油污应彻底清除，不然油污会造成餐具表面变色和箱内有异味。

④ 不耐高温的餐具（如塑料、橡胶等）直接放置在消毒柜上层的臭氧低温消毒箱内，对于陶瓷和玻璃类材质的餐具则放置在消毒柜的下层，采用高温红外线消毒。洗碗毛巾等其他非食具禁止放入消毒柜内。

⑤ 彩瓷餐具不能放置在高温消毒柜内消毒，因为彩釉颜料中含有有毒的铅、镉等重金属，遇到高温就会放出有害物质，危害人体健康。

（5）关门

① 消毒柜工作前，必须将柜门关严后再启动消毒柜，否则不仅起不到应有的消毒作用，还可能造成紫外线泄漏，危害人体。

② 如在使用过程中发现不经过任何透光物体直接看到紫外线灯管发出的光线，应停止使用并马上关掉电源，通知专业人员进行维修。若紫外线灯管损坏，必须更换相同功率和主波长的紫外线灯管。

③ 消毒柜工作结束后应等餐具冷却后才能打开柜门，以免烫伤。

# 附录二　维修参考资料

## 一、3F9454BZZ-SK94 微控制器（附表 1）

附表 1　3F9454BZZ-SK94 微控制器的引脚及说明

| 引脚 | 引脚符号 | 引脚功能 | 备注 |
|---|---|---|---|
| 1 | VSS | 地 | 该集成电路为 8 位单片半导体（互补型金属氧化物半导体）微控制器，它是建立在 SAM88RCRI CPU 核心，采用 SSOP20 脚封装。应用在消毒柜上的实物如附图 3 所示 |
| 2 | XIN/P1.0 | 石英晶振输入 / I/O 输入 | |
| 3 | XOUT/P1.1 | 石英晶振输出 / I/O 输入 | |
| 4 | RESET/P1.2 | 复位信号 / I/O 输入 | |
| 5 | P2.0/TO | I/O 输入 / 定时输出 | |
| 6 | P2.1 | I/O 输入 | |
| 7 | P2.2 | I/O 输入 | |
| 8 | P2.3 | I/O 输入 | |
| 9 | P2.4 | I/O 输入 | |
| 10 | P2.5 | I/O 输入 | |
| 11 | P2.6/ADC8/CLO | I/O 输入 /ADC 输入或推拉式输出 / 系统时钟输出 | |
| 12 | P0.7/ADC7 | I/O 输入 /ADC 输入或推拉式输出 | |
| 13 | P0.6/ADC6/PWM | I/O 输入 /ADC 输入或推拉式输出 /8 位 PWM 输出 | |
| 14 | P0.5/ADC5 | I/O 输入 /ADC 输入或推拉式输出 | |
| 15 | P0.4/ADC4 | I/O 输入 /ADC 输入或推拉式输出 | |
| 16 | P0.3/ADC3 | I/O 输入 /ADC 输入或推拉式输出 | |
| 17 | P0.2/ADC2 | I/O 输入 /ADC 输入或推拉式输出 | |
| 18 | P0.1/ADC1/INT1 | I/O 输入 /ADC 输入或推拉式输出 / 外部中断输入 | |
| 19 | P0.0/ADC0/INT0 | I/O 输入 /ADC 输入或推拉式输出 / 外部中断输入 | |
| 20 | VDD | +5V 电源 | |

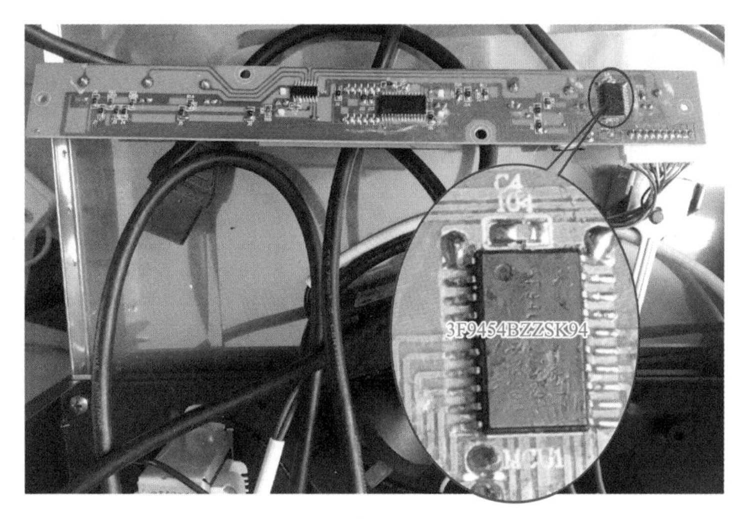


附图 3　3F9454BZZ-SK94 应用在消毒柜上的实物图

## 二、74HC164N 8 位移位寄存器（附表 2）

附表 2　74HC164N 8 位移位寄存器的引脚及说明

<table>
<tr><th>脚号</th><th>引脚符号</th><th>引脚功能</th><th>备注</th></tr>
<tr><td>1</td><td>DSA</td><td>串行输入 A</td><td rowspan="14">该集成电路为 8 位移位锁存器，一般用来驱动数码管。应用在消毒柜上的实物图如附图 4 所示</td></tr>
<tr><td>2</td><td>DSB</td><td>串行输入 B</td></tr>
<tr><td>3</td><td>Q0</td><td>输出端</td></tr>
<tr><td>4</td><td>Q1</td><td>输出端</td></tr>
<tr><td>5</td><td>Q2</td><td>输出端</td></tr>
<tr><td>6</td><td>Q3</td><td>输出端</td></tr>
<tr><td>7</td><td>GND</td><td>地</td></tr>
<tr><td>8</td><td>CP</td><td>时钟输入（低电平到高电平边沿触发）</td></tr>
<tr><td>9</td><td>MR</td><td>复位输入（低电平有效）</td></tr>
<tr><td>10</td><td>Q4</td><td>输出端</td></tr>
<tr><td>11</td><td>Q5</td><td>输出端</td></tr>
<tr><td>12</td><td>Q6</td><td>输出端</td></tr>
<tr><td>13</td><td>Q7</td><td>输出端</td></tr>
<tr><td>14</td><td>VCC</td><td>电源</td></tr>
</table>

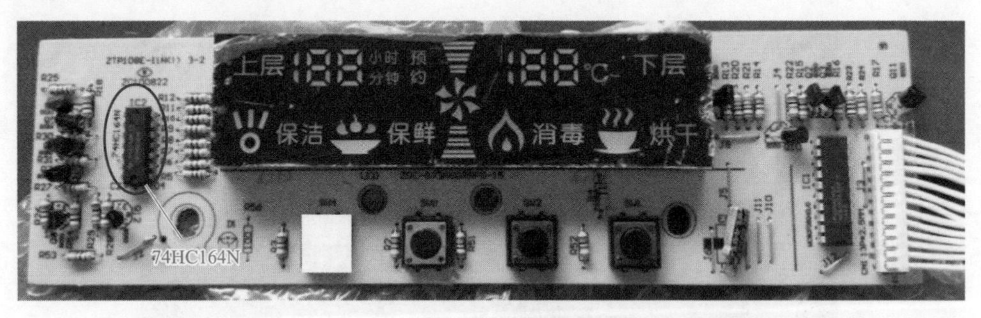


附图 4　**74HC164N** 应用在消毒柜按键显示板上的实物图

## 三、BS83B08A-3 触控按键芯片（附表 3）

附表 3　BS83B08A-3 触控按键芯片的引脚及说明

<table>
<tr><th>引脚</th><th>引脚符号</th><th>引脚功能</th><th>备注</th></tr>
<tr><td>1</td><td>PB0/KEY1</td><td>通用 I/O 口 / 触摸按键输入口</td><td rowspan="16">该 IC 为触控式 Flash 单片机，是一款 8 位具有高性能精简指令集且完全集成触摸按键功能的 Flash 单片机。应用在消毒柜上的实物图如附图 5 所示</td></tr>
<tr><td>2</td><td>PB1/KEY2</td><td>通用 I/O 口 / 触摸按键输入口</td></tr>
<tr><td>3</td><td>PB2/KEY3</td><td>通用 I/O 口 / 触摸按键输入口</td></tr>
<tr><td>4</td><td>PB3/KEY4</td><td>通用 I/O 口 / 触摸按键输入口</td></tr>
<tr><td>5</td><td>PB4/KEY5</td><td>通用 I/O 口 / 触摸按键输入口</td></tr>
<tr><td>6</td><td>PB5/KEY6</td><td>通用 I/O 口 / 触摸按键输入口</td></tr>
<tr><td>7</td><td>PB6/KEY7</td><td>通用 I/O 口 / 触摸按键输入口</td></tr>
<tr><td>8</td><td>PB7/KEY8</td><td>通用 I/O 口 / 触摸按键输入口</td></tr>
<tr><td>9</td><td>AVSS/VSS</td><td>触控按键电路地 / 地</td></tr>
<tr><td>10</td><td>VDD/AVDD</td><td>电源电压 / 触控按键电路电源电压</td></tr>
<tr><td>11</td><td>PA7</td><td>通用 I/O 口</td></tr>
<tr><td>12</td><td>PA2/SCK/SCL</td><td>通用 I/O 口 /SPI 串行时钟 /I²C 时钟</td></tr>
<tr><td>13</td><td>PA0/SDI/SDA</td><td>通用 I/O 口 /SPI 数据输入 /I²C 数据</td></tr>
<tr><td>14</td><td>PA3/SCS</td><td>通用 I/O 口 /SPI 从机选择</td></tr>
<tr><td>15</td><td>PA4/INT</td><td>通用 I/O 口 / 外部中断</td></tr>
<tr><td>16</td><td>PA1/SDO</td><td>通用 I/O 口 /SPI 数据输出</td></tr>
</table>

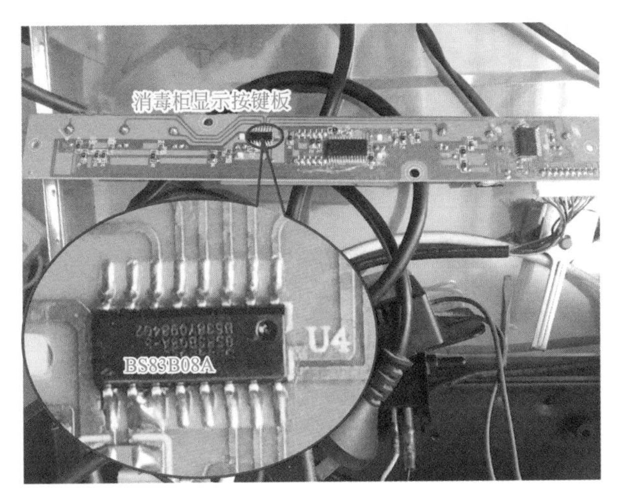


附图 5　**BS83B08A-3** 应用在消毒柜上的实物图

## 四、CD4541 可编程定时振荡电路（附表 4）

附表 4　CD4541 可编程定时振荡电路的引脚及说明

<table>
<tr><th>引脚</th><th>引脚符号</th><th>引脚功能</th><th>备注</th></tr>
<tr><td>1</td><td>RTC</td><td>定时电阻</td><td rowspan="14">CD4541 是可编程定时振荡器。内含振荡器、二进制计数器、计数级数分频设置电路，输出状态逻辑控制电路，手动及自动复位清零电路等。应用在消毒柜上的电路如附图 6 所示</td></tr>
<tr><td>2</td><td>CTC</td><td>定时电容</td></tr>
<tr><td>3</td><td>RS</td><td>保护电阻</td></tr>
<tr><td>4</td><td>NC</td><td>空脚</td></tr>
<tr><td>5</td><td>AR</td><td>自动复位控制</td></tr>
<tr><td>6</td><td>MR</td><td>手动复位控制</td></tr>
<tr><td>7</td><td>VSS</td><td>地</td></tr>
<tr><td>8</td><td>Q</td><td>控制输出端</td></tr>
<tr><td>9</td><td>$Q/\overline{Q}$SELECT</td><td>输出高或低电平选择</td></tr>
<tr><td>10</td><td>MODE</td><td>单定时或循环定时选择</td></tr>
<tr><td>11</td><td>NC</td><td>空脚</td></tr>
<tr><td>12</td><td>A</td><td>定时常数编程选择</td></tr>
<tr><td>13</td><td>B</td><td>定时常数编程选择</td></tr>
<tr><td>14</td><td>VDD</td><td>电源正端</td></tr>
</table>

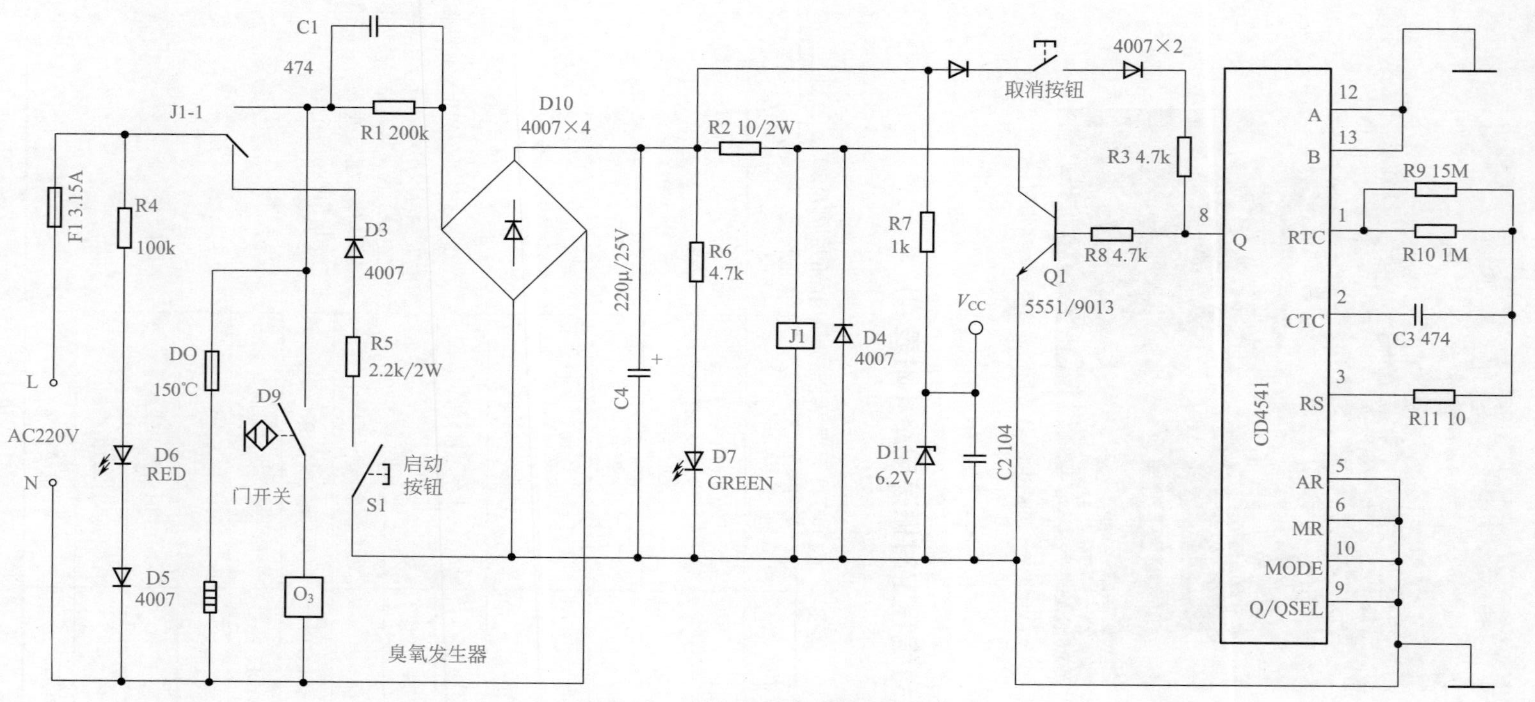


附图6 CD4541应用在消毒柜上的电路图

## 五、HT48R06A-1 单片机（附表 5）

附表 5　HT48R06A-1 单片机的引脚及说明

| 脚号 | 引脚符号 | 引脚功能 | 备注 |
|---|---|---|---|
| 1 | PA3 | 8 位双向输入与输出口 | 该集成电路是一款 8 位高性能精简指令集单片机，拥有低功耗、I/O 口稳定性高、定时器功能、振荡选择、省电和唤醒功能、看门狗定时器、蜂鸣器驱动以及低价位等优势。应用在老板、美的等品牌消毒柜上 |
| 2 | PA2 | 8 位双向输入与输出口 | |
| 3 | PA1 | 8 位双向输入与输出口 | |
| 4 | PA0 | 8 位双向输入与输出口 | |
| 5 | PB2 | 3 位双向输入与输出口 | |
| 6 | PB1/$\overline{BZ}$ | 3 位双向输入与输出口 / 蜂鸣器驱动输出 | |
| 7 | BZ | 蜂鸣器驱动输出 | |
| 8 | VSS | 地 | |
| 9 | PC0/$\overline{INT}$ | 双向输入与输出口 / 外部中断输入 | |
| 10 | PC1/TMR | 双向输入与输出口 / 定时器输入 | |
| 11 | $\overline{RES}$ | 复位信号输入（低电平有效） | |
| 12 | VDD | 电源 | |
| 13 | OSC1 | 晶体振荡输入 | |
| 14 | OSC2 | 晶体振荡输出 | |
| 15 | PA7 | 8 位双向输入与输出口 | |
| 16 | PA6 | 8 位双向输入与输出口 | |
| 17 | PA5 | 8 位双向输入与输出口 | |
| 18 | PA4 | 8 位双向输入与输出口 | |

## 六、MC14011BCP 四 - 二输入与非门（附表 6）

附表 6　MC14011BCP 四 - 二输入与非门的引脚及说明

| 脚号 | 引脚符号 | 引脚功能 | 备注 |
|---|---|---|---|
| 1 | IN1A | 输入端 | 该集成电路为四 - 二输入与非门 IC，应用在消毒柜上的实物图如附图 7 所示 |
| 2 | IN2A | 输入端 | |
| 3 | OUTA | 输出端 | |
| 4 | OUTB | 输出端 | |
| 5 | IN1B | 输入端 | |
| 6 | IN2B | 输入端 | |
| 7 | VSS | 地 | |
| 8 | IN1C | 输入端 | |
| 9 | IN2C | 输入端 | |
| 10 | OUTC | 输出端 | |
| 11 | OUTD | 输出端 | |
| 12 | IN1D | 输入端 | |
| 13 | IN2D | 输入端 | |
| 14 | VDD | 电源 | |

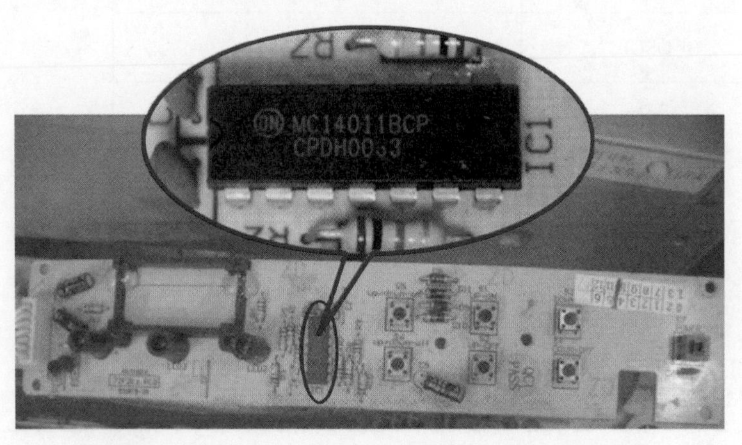


**附图 7　MC14011BCP** 应用在消毒柜按键显示板上的实物图

## 七、PIC16C54 单片机（附表 7）

附表 7　PIC16C54 单片机的引脚及说明

| 脚号 | 引脚符号 | 引脚功能 | 备注 |
|---|---|---|---|
| 1 | RA2 | 数字输入与输出端 | PIC16C54 为高性能 8 位单片机，应用在消毒柜上，如附图 8 所示 |
| 2 | RA3 | 数字输入与输出端 | |
| 3 | T0CKI | 定时器 0 交换时钟输入 | |
| 4 | $\overline{\text{MCLR}}$/VPP | 主清除输入 / 编程电压输入 | |
| 5 | VSS | 地 | |
| 6 | RB0 | 数字输入与输出端 | |
| 7 | RB1 | 数字输入与输出端 | |
| 8 | RB2 | 数字输入与输出端 | |
| 9 | RB3 | 数字输入与输出端 | |
| 10 | RB4 | 数字输入与输出端 | |
| 11 | RB5 | 数字输入与输出端 | |
| 12 | RB6 | 数字输入与输出端 | |
| 13 | RB7 | 数字输入与输出端 | |
| 14 | VDD | 电源 | |
| 15 | OSC2/CLKOUT | 晶体振荡信号 / 时钟信号输出 | |
| 16 | OSC1/CLKIN | 晶体振荡信号 / 时钟信号输入 | |
| 17 | RA0 | 数字输入与输出端 | |
| 18 | RA1 | 数字输入与输出端 | |

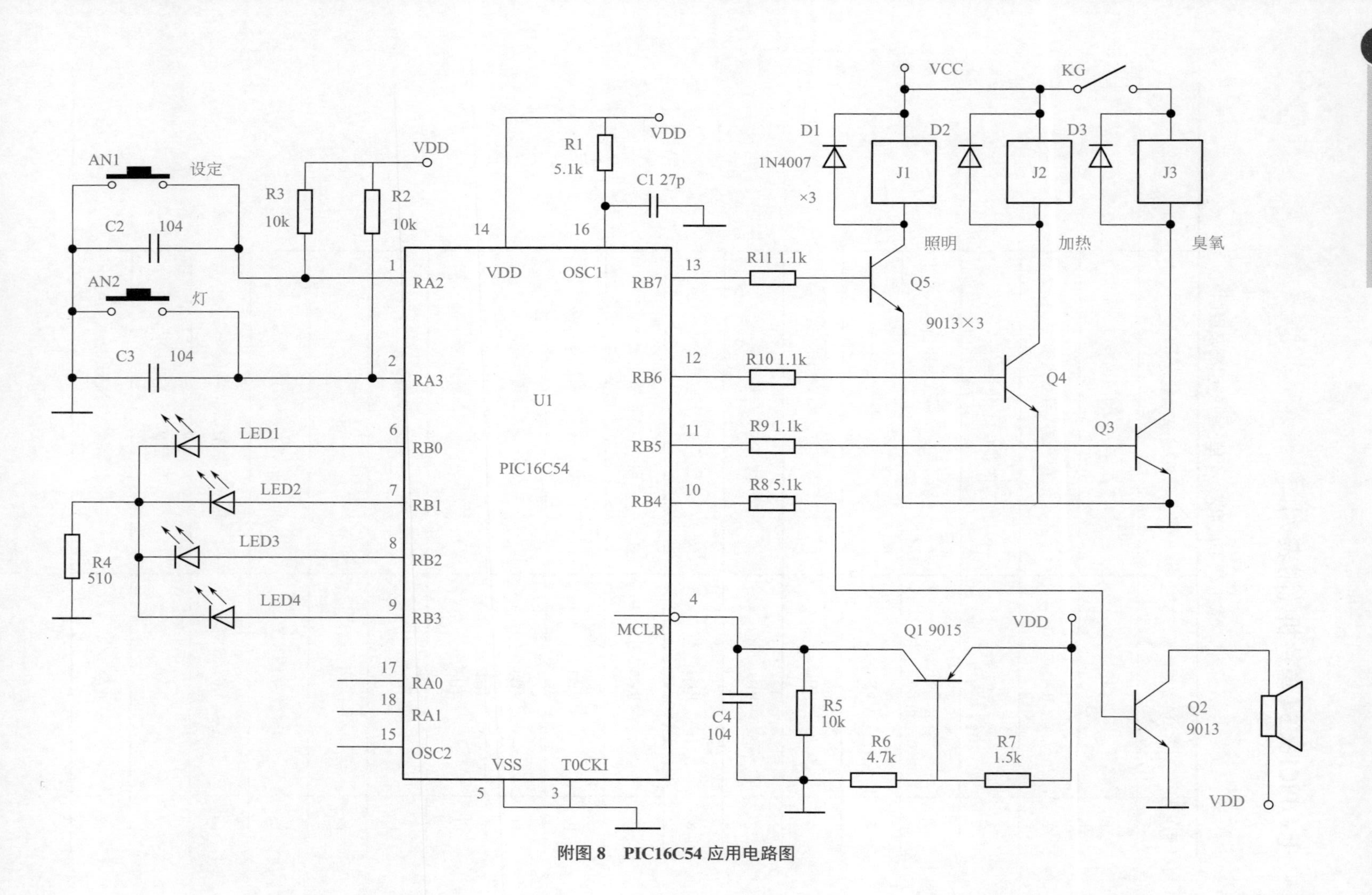


附图 8 PIC16C54 应用电路图

## 八、SH69P20B 微处理器（附表 8）

附表 8　SH69P20B 微处理器的引脚及说明

| 引脚 | 引脚符号 | 引脚功能 | 备注 |
| --- | --- | --- | --- |
| 1 | PORTA2 | 位可编程 I/O 端 | SH69P20B 是一种 4 位微处理器，该芯片以 SH CPU 为核心，并集成了 SRAM、1K 的 OTPROM、定时器和 I/O 端口。应用在消毒柜上的实物图如附图 9 所示 |
| 2 | PORTA3 | 位可编程 I/O 端 | |
| 3 | T0 | 定时时钟 / 计数器 | |
| 4 | RESET | 复位输入（低电平有效） | |
| 5 | GND | 地 | |
| 6 | PORTB0 | 位可编程 I/O 端 | |
| 7 | PORTB1 | 位可编程 I/O 端 | |
| 8 | PORTB2 | 位可编程 I/O 端 | |
| 9 | PORTB3 | 位可编程 I/O 端 | |
| 10 | PORTC0 | 位可编程 I/O 端 | |
| 11 | PORTC1 | 位可编程 I/O 端 | |
| 12 | PORTC2 | 位可编程 I/O 端 | |
| 13 | PORTC3 | 位可编程 I/O 端 | |
| 14 | VDD | 电源 | |
| 15 | OSCO | 振荡信号输出 | |
| 16 | OSCI | 振荡信号输入 | |
| 17 | PORTA0 | 位可编程 I/O 端 | |
| 18 | PORTA1 | 位可编程 I/O 端 | |

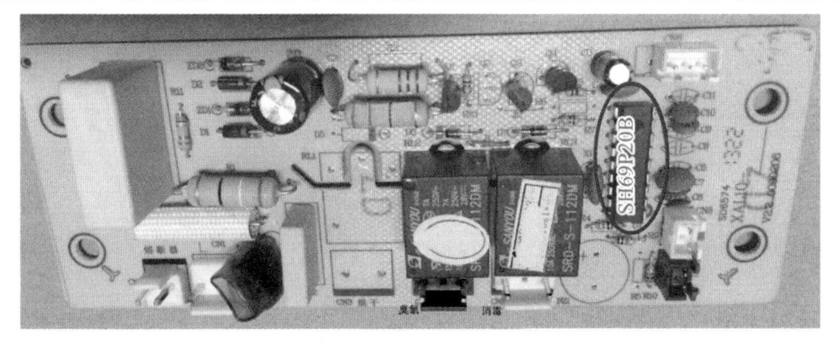


附图 9　**SH69P20B** 应用在消毒柜主控板上的实物图

## 九、TD62003AP 晶体管达林顿阵列（附表 9）

附表 9　TD62003AP 晶体管达林顿阵列的引脚及说明

<table>
<tr><th>引脚</th><th>引脚符号</th><th>引脚功能</th><th>备注</th></tr>
<tr><td>1</td><td>I1</td><td>输入端</td><td rowspan="16">TD62003AP 是晶体管达林顿阵列，里面集成了 7 路达林顿管反相器，可以控制 7 组负载，可用 ULN2003 直接代换。应用在消毒柜上的实物图如附图 10 所示</td></tr>
<tr><td>2</td><td>I2</td><td>输入端</td></tr>
<tr><td>3</td><td>I3</td><td>输入端</td></tr>
<tr><td>4</td><td>I4</td><td>输入端</td></tr>
<tr><td>5</td><td>I5</td><td>输入端</td></tr>
<tr><td>6</td><td>I6</td><td>输入端</td></tr>
<tr><td>7</td><td>I7</td><td>输入端</td></tr>
<tr><td>8</td><td>GND</td><td>地</td></tr>
<tr><td>9</td><td>COMMON</td><td>公共端</td></tr>
<tr><td>10</td><td>O7</td><td>输出端</td></tr>
<tr><td>11</td><td>O6</td><td>输出端</td></tr>
<tr><td>12</td><td>O5</td><td>输出端</td></tr>
<tr><td>13</td><td>O4</td><td>输出端</td></tr>
<tr><td>14</td><td>O3</td><td>输出端</td></tr>
<tr><td>15</td><td>O2</td><td>输出端</td></tr>
<tr><td>16</td><td>O1</td><td>输出端</td></tr>
</table>

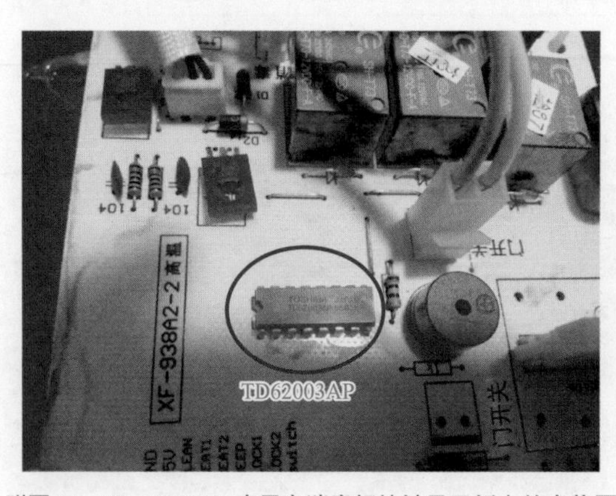


附图 10　TD62003AP 应用在消毒柜按键显示板上的实物图

## 十、TM1628 数码屏驱动芯片（附表 10）

附表 10　TM1628 数码屏驱动芯片的引脚及说明

| 引脚 | 引脚符号 | 引脚功能 | 备注 |
|---|---|---|---|
| 1 | NC | 空脚 | TM1628 是一种带键盘扫描接口的 LED 驱动控制专用电路，内部集成有 MCU 数字接口、数据锁存器、LED 高压驱动、键盘扫描等电路。采用 SOP28 的封装形式。应用在消毒柜上的实物图如附图 11 所示 |
| 2 | DIO | 数据输入输出 | |
| 3 | CLK | 时钟输入 | |
| 4 | STB | 片选输入 | |
| 5 | KEY1 | 键扫信号输入 | |
| 6 | KEY2 | 键扫信号输入 | |
| 7 | VDD | 电源 | |
| 8 | SEG1/KS1 | 段输出 / 键扫描输出 | |
| 9 | SEG2/KS2 | 段输出 / 键扫描输出 | |
| 10 | SEG3/KS3 | 段输出 / 键扫描输出 | |
| 11 | SEG4/KS4 | 段输出 / 键扫描输出 | |
| 12 | SEG5/KS5 | 段输出 / 键扫描输出 | |
| 13 | SEG6/KS6 | 段输出 / 键扫描输出 | |
| 14 | SEG7/KS7 | 段输出 / 键扫描输出 | |
| 15 | SEG8/KS8 | 段输出 / 键扫描输出 | |
| 16 | SEG9/KS9 | 段输出 / 键扫描输出 | |
| 17 | SEG10/KS10 | 段输出 / 键扫描输出 | |
| 18 | SEG12/Grid7 | 段输出 / 位输出 | |
| 19 | SEG13/Grid6 | 段输出 / 位输出 | |
| 20 | SEG14/Grid5 | 段输出 / 位输出 | |
| 21 | VDD | 电源 | |
| 22 | GND | 地 | |

续表

| 引脚 | 引脚符号 | 引脚功能 | 备注 |
|---|---|---|---|
| 23 | Grid4 | 位输出 | TM1628是一种带键盘扫描接口的LED驱动控制专用电路，内部集成有MCU数字接口、数据锁存器、LED高压驱动、键盘扫描等电路。采用SOP28的封装形式。应用在消毒柜上的实物图如附图11所示 |
| 24 | Grid3 | 位输出 | |
| 25 | GND | 地 | |
| 26 | Grid2 | 位输出 | |
| 27 | Grid1 | 位输出 | |
| 28 | GND | 地 | |

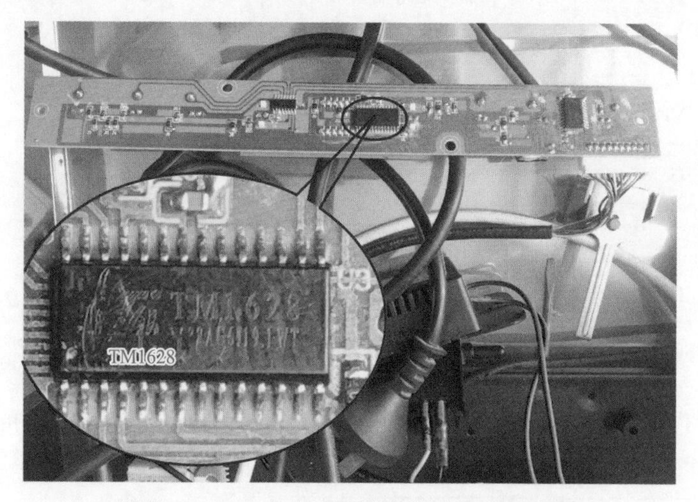


附图 11　**TM1628** 应用在消毒柜按键板上的实物图

## 十一、ULN2003AN 驱动芯片（附表 11）

附表 11　ULN2003AN 驱动芯片的引脚及说明

| 引脚 | 引脚符号 | 引脚功能 | 备注 |
|---|---|---|---|
| 1 | IN1 | 脉冲输入 | ULN2003AN是一款高耐压、大电流达林顿阵列，由七个硅NPN达林顿管组成。应用在消毒柜上的实物图如附图12所示 |
| 2 | IN2 | 脉冲输入 | |
| 3 | IN3 | 脉冲输入 | |
| 4 | IN4 | 脉冲输入 | |
| 5 | IN5 | 脉冲输入 | |

续表

| 引脚 | 引脚符号 | 引脚功能 | 备注 |
|---|---|---|---|
| 6 | IN6 | 脉冲输入 | ULN2003AN是一款高耐压、大电流达林顿阵列，由七个硅NPN达林顿管组成。应用在消毒柜上的实物图如附图12所示 |
| 7 | IN7 | 脉冲输入 | |
| 8 | GND | 地 | |
| 9 | COMMON | 公共端 | |
| 10 | OUT7 | 脉冲信号输出 | |
| 11 | OUT6 | 脉冲信号输出 | |
| 12 | OUT5 | 脉冲信号输出 | |
| 13 | OUT4 | 脉冲信号输出 | |
| 14 | OUT3 | 脉冲信号输出 | |
| 15 | OUT2 | 脉冲信号输出 | |
| 16 | OUT1 | 脉冲信号输出 | |

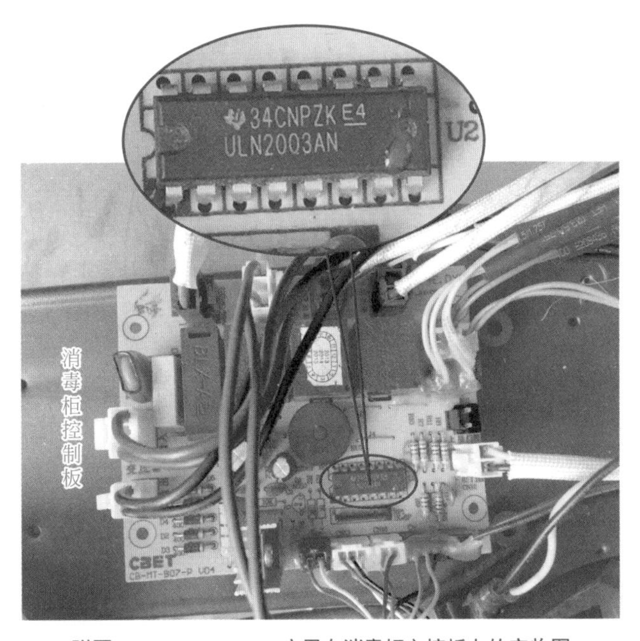


附图12　**ULN2003AN**应用在消毒柜主控板上的实物图

# 附录三 消毒柜安装及注意事项

## 一、安装注意事项

① 安装时应可靠接地，但不得将地线接于煤气管、自来水管、避雷针及电话线上；接地不良会造成触电引发意外事故。

② 应安装于能承受重量的地方，否则会使部件掉落造成伤害或损失。

③ 安装应委托专业人员进行，以免发生危险。

④ 搬运时应从柜体底部抬起，轻搬轻放，切不可将柜门把手作搬运支撑之用。

⑤ 固定消毒柜时，柜体底部应有平台支撑，不能仅靠门框处的螺钉固定。

⑥ 安装位置必须距离燃气具或电热器具 5cm 以上或加隔板隔开。严禁将消毒柜安装在易燃物附近和橱柜中燃气灶的下方，否则会有引起燃烧的危险。

⑦ 禁止将消毒柜安装在可能受潮或被水淋湿的地方。

## 二、嵌入式消毒柜的安装

### （1）安装前的准备与检查

① 安装前应按照安装示意图在橱柜上预留出合适位置；安装位置必须距离燃气具或电热器具 5cm 以上或加隔板隔开。

② 安装前必须检查安装部位的强度与表面平整度，否则可能导致机器掉落或柜门的歪斜及错位。

③ 电源插座应设置在旁边橱柜内距消毒柜预留位置 0.3m 以内的范围。电源插座必须可靠接地（见附图 13），如果漏电，接地可以提供电流回路以避免触电。

④ 冲击电流约为 10 A，应考虑电气容量。

### （2）安装方法

① 嵌装在橱柜中与橱柜组合时，应在橱柜嵌装处合适部位设置通风口（用户自行确定位置），以确保空气进给良好。

② 在橱柜的安装位置上，按如附图 14 所示对应尺寸开好嵌装孔（嵌装孔底平面必须呈水平设置且稳固可靠，能承受 60kg 以上重量）。

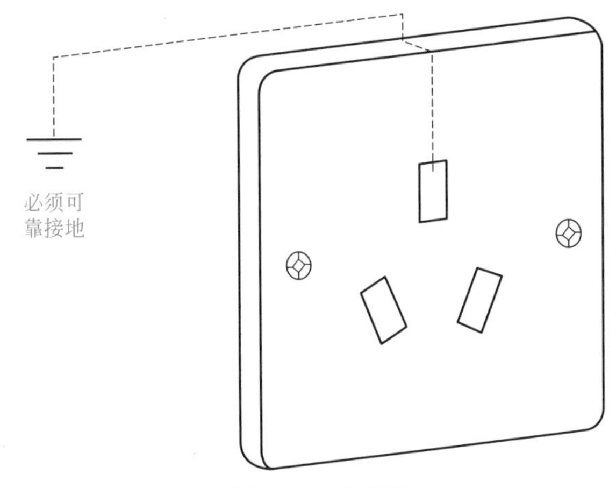


附图 13　可靠接地

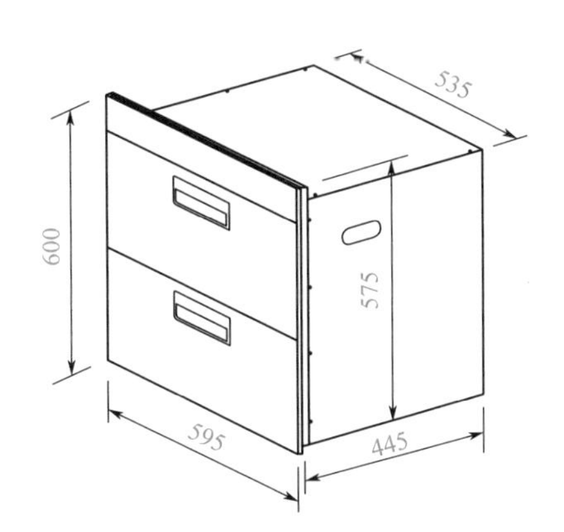


消毒柜尺寸

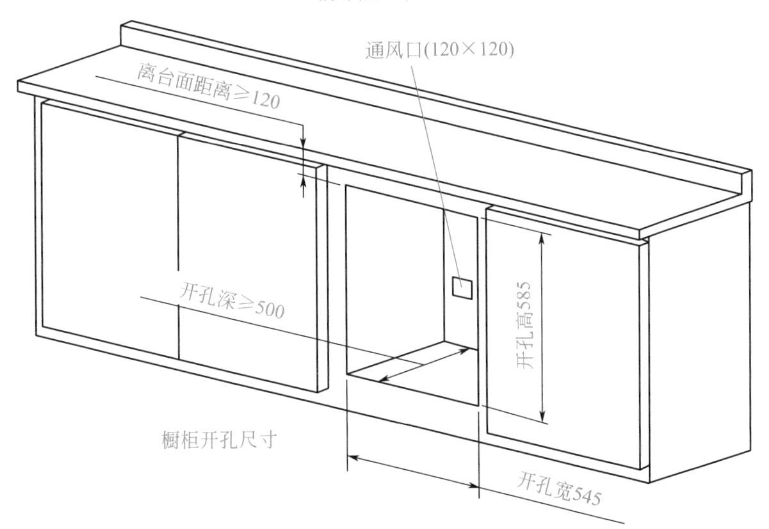


橱柜开孔尺寸

附图 14　嵌装孔的尺寸

③ 将消毒柜放置在嵌装孔的正前方，接上电源插座，之后将消毒柜机体平稳嵌入该方孔中；拉开柜门，卸去安装孔上的安装螺钉（随机所备的安装螺钉），然后用固定螺钉将消毒柜固定在与门面平齐的位置（如附图 15 所示）。注意不得倾斜。

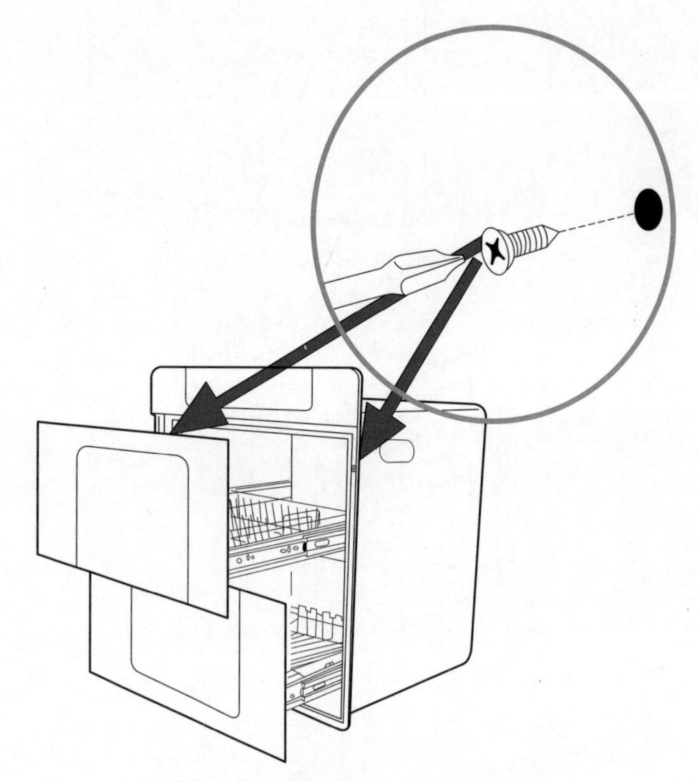

附图 15　将消毒柜固定在与门面平齐的位置

④ 检查安装情况良好后，再按照说明书要求，开机试运行。

## 三、立式消毒柜的安装

（1）安装前的准备与检查

① 安装位置必须距离燃气具或电热器具 30cm 以上或加隔板隔开。

② 安装前必须检查安装部位的强度与表面平整度，否则可能造成柜门的歪斜及错位。

③ 安装时仔细检查其他可能导致机器不能可靠固定的因素，防止发生意外。

④ 地面安装时要保证消毒柜不得倾斜，以防餐具掉出。

⑤ 电源插座应设置在距壳体的电源线引出口 1.2m 以内的范围。

⑥ 冲击电流约为 10A，应考虑电气容量。

（2）安装方法　立式消毒柜采用地面安装，如附图 16 所示。

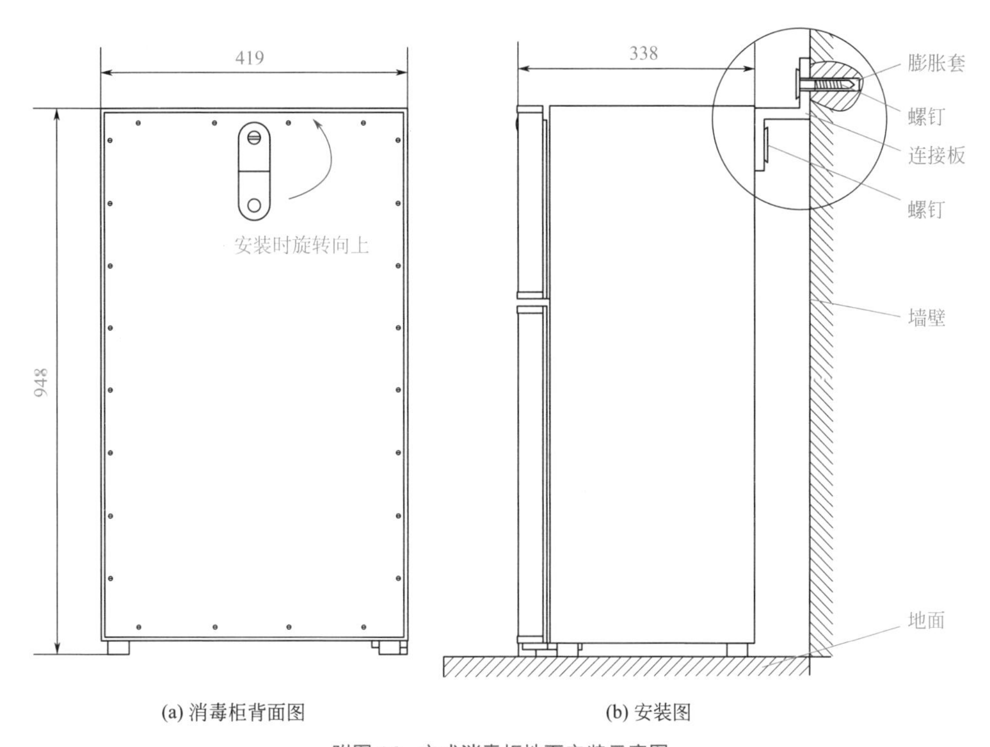


(a) 消毒柜背面图　　(b) 安装图

附图 16　立式消毒柜地面安装示意图

① 将消毒柜稳定地放在平整地面上。

② 把机器背部连接板向上旋转 180° 后紧固。

③ 在墙上连接件对应高度处钻一个 6mm 的孔，打入膨胀套，然后用自攻螺钉固定。

④ 为确保安全，必须安全可靠地接地。

## 四、壁挂式消毒柜的安装

（1）安装要求　壁挂式安装是将消毒柜挂在墙壁上，由于消毒柜的本身重量及食具的重量，安装时，应达到如下要求：①安装的墙体必须坚实、牢固；②首先定好支架的位置，再使用冲击钻在墙上打孔，用膨胀螺钉将支承架固定，然后将支承块套入支承架上；③检查确认支承架无松动。

(2) 安装方法

① 消毒柜挂装在墙上的方法。首先根据预先确定的安装高度在墙壁水平方向上钻两个孔（孔的直径大小根据具体机型确定），然后将膨胀螺栓打入预先打好的孔中，再将外加强铁固定在干燥消毒柜上，最后将食具消毒柜挂装在膨胀螺栓上，并紧固螺母，如附图 17 所示。

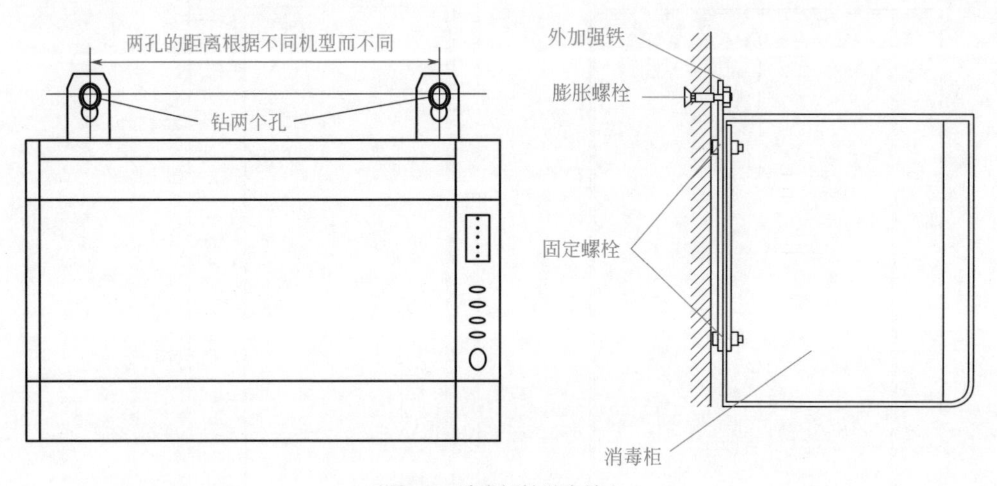


附图 17　消毒柜挂装在墙上

② 消毒柜吊装壁柜下方的安装方法。

a. 在壁柜底面开螺栓安置孔，如附图 18 所示。

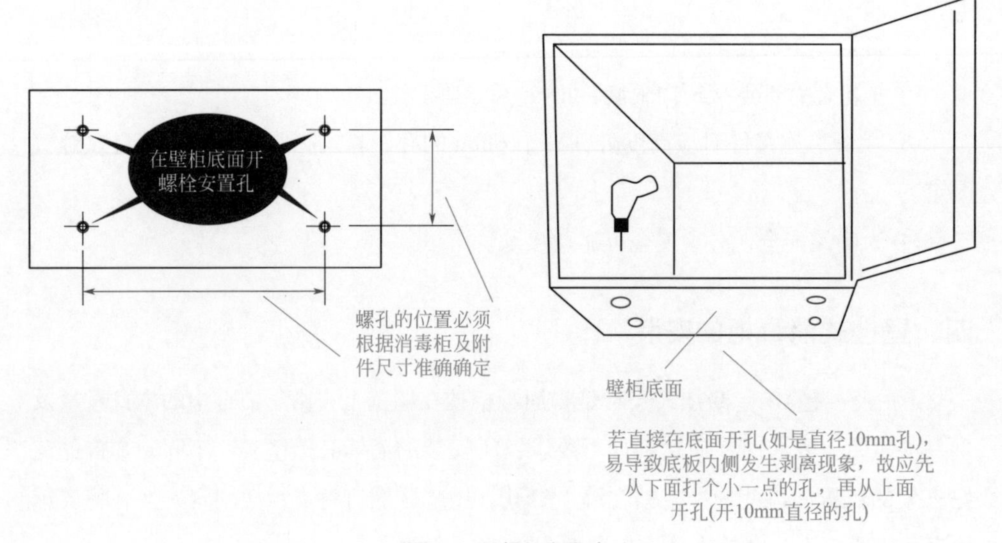


附图 18　开螺栓安置孔

b. 消毒柜固定的准备。将附件中的固定螺栓从壁柜内穿过吊橱底板，先将内槽铁安上，再装上外槽铁和卡板。注意先不要上紧固定螺栓。

c. 安装。将消毒柜的吊挂导轨开口对准外槽铁的卡板，卡上，然后将柜体推向后方，如附图 19 所示。

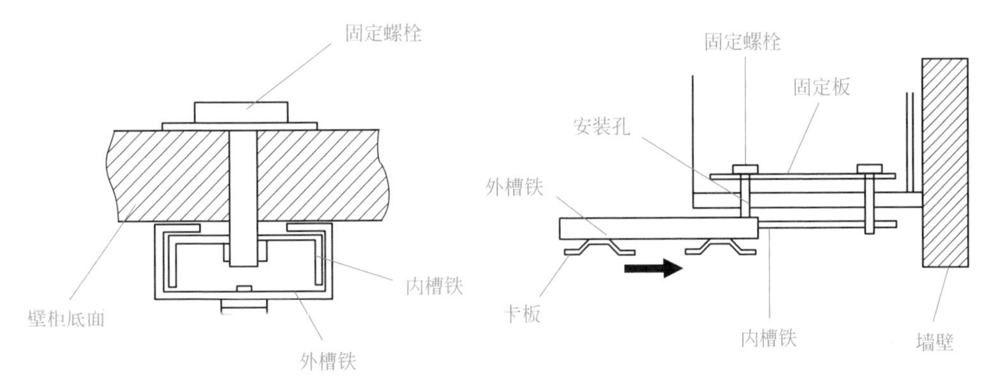


附图 19 安装

d. 调整和固定。吊挂导轨可以往前后、左右活动，调整至最佳位置后上紧固定螺栓，将消毒柜固定，如附图 20 所示。

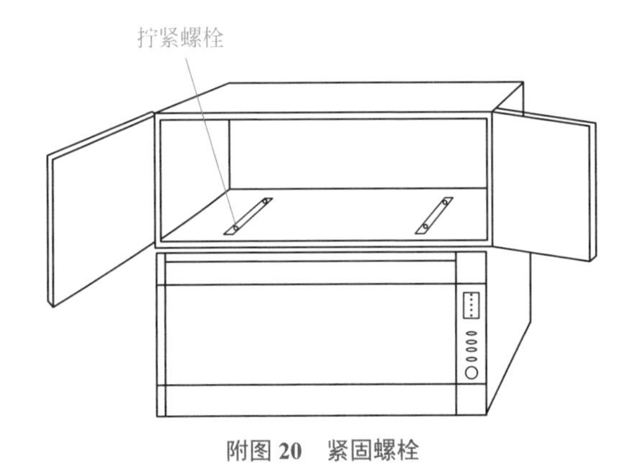


附图 20 紧固螺栓